U0225036

中国特色民居系列丛书

李瑞君　王　川　著

阿以旺民居的气候适应性研究

中国建筑工业出版社

图书在版编目（CIP）数据

阿以旺民居的气候适应性研究／李瑞君，王川著
．—北京：中国建筑工业出版社，2022.1
（中国特色民居系列丛书）
ISBN 978-7-112-26916-7

Ⅰ. ① 阿…　Ⅱ. ① 李… ② 王…　Ⅲ. ① 维吾尔族-民
居-建筑设计-研究-中国　Ⅳ. ① TU241.5

中国版本图书馆CIP数据核字（2021）第248857号

　　阿以旺民居的气候适应性研究立足于民居的传统技术，面向当代，以民居的气候适应性为出发点，对其空间布局、组织原理、建筑构件、建筑材料、装饰色彩等进行了深入的研究和归纳，旨在全球的能源危机和环境危机的背景下，找到既适宜当地冬冷夏热的气候环境，又能维护地区环境的生态平衡，提高能源、资源的利用效益，还能满足现代人对居住环境舒适性需求的适宜技术，以此为鉴，从中获得对现代民居建设有益的启发。

　　本书适于环境设计、建筑学等相关专业师生及从业者参考阅读。

责任编辑：杨　晓　唐　旭
版式设计：锋尚设计
责任校对：芦欣甜

中国特色民居系列丛书
阿以旺民居的气候适应性研究
李瑞君　王　川　著

＊

中国建筑工业出版社出版、发行（北京海淀三里河路9号）
各地新华书店、建筑书店经销
北京锋尚制版有限公司制版
北京中科印刷有限公司印刷

＊

开本：880毫米×1230毫米　1/32　印张：3¾　字数：84千字
2022年2月第一版　　2022年2月第一次印刷
定价：**28.00**元
ISBN 978-7-112-26916-7
（38734）

版权所有　翻印必究
如有印装质量问题，可寄本社图书出版中心退换
（邮政编码100037）

自　序

　　室内设计的发展趋势大致有三：科技化、生态化和地域化，因此地域性特色是今后室内设计发展的一个重要方向。十几年前我在学校为研究生开设了一门名为《地域性建筑设计研究》的课程，从那时起就开始了中国传统建筑和地域性建筑及环境设计研究。

　　在快速发展的当下，建筑趋同化现象日益严重，中国富有民情和地域特色的建筑被抛弃，沉淀着历史和民众智慧的各地民居建筑逐渐被雷同的现代建筑取代。在这种现实背景下，保护地域性建筑势在必行。在快速推进城市化的过程中，乡村的建设与发展对乡村人居环境的改善、缩小城乡差距以及城乡一体化发展具有重要意义，具有民族特色的地域性建筑及其环境的营造更是不可或缺的一部分。

　　本课题所展现的成果以整个中国传统地域性建筑作为自己的关注对象，是一个系列性研究。在研究实施的过程中，选取某一个地区的地域性建筑作为具体的研究对象而渐次开展，譬如羌族民居、摩梭民居、东北木屋、满族民居等特色独具的中国传统地域性建筑。

中国传统地域性建筑的环境艺术设计具有非常鲜明的地域特点，很好地适应了当地的气候条件和自然环境，同时涉及当地的生活习俗和宗教信仰等，从局部研究入手，同时进行整体上的把握，研究具有独特地域特色的地域性住居文化。

通过研究，希望能让更多的人了解中国多种多样的地域性住居文化的特点，以及地域性民居室内环境的营造特征，为继承、发展地域特色的环境艺术设计提供借鉴，为中国当下一直推进的乡村振兴、美丽乡村建设和乡村旅游的发展做出积极有意义的探索。

第一，地域特色的环境艺术设计是今后的发展趋势之一。现代社会的人们在生活居住、文化娱乐、旅游休息中对带有乡土风味、地方特色、民族特点的内部环境往往是青睐有加。本课题的研究可以为室内设计的实践和探索提供有益的借鉴。

第二，在当下中国城市化的进程中，如何在"美丽乡村"建设中保持乡村的特色是我们需要正视和面对的现实。如今的快速发展，逐渐形成一种均质化的环境特点，很多地方已经丧失了原有的地方特点。如何保持差异性，追求地方特色是在今后一个时期需要解决的问题。本课题的研究可以用来指导乡村住宅的更新、改建和再建。

第三，对传统室内设计文化的补充。中国的历史是以汉民族为主的各个民族共同发展的历史，随着历史的发展，一些民族已经融合在历史的长河中。地域性文化在吸收汉族文化的同时，也应保留下来自己的特点。作为地域性文化的组成部分，地域性建筑及其室内设计文化应该得到应有的重视和研究，使其得以延续下去。

李瑞君

2020年10月

前　言

　　阿以旺民居的气候适应性研究立足于民居的传统技术，面向当代，以民居的气候适应性为出发点，对其空间布局、组织原理、建筑构件、建筑材料、装饰色彩等进行了深入的研究和归纳，旨在全球的能源危机和环境危机的背景下，找到既适宜新疆地区冬冷夏热的气候环境，又能维护地区环境的生态平衡，提高能源、资源的利用效益，还能满足现代人对居住环境舒适性需求的适宜技术，以此为鉴，从中获得对现代新疆民居建设有益的启发。

　　本书首先从分析新疆传统民居的现状入手，总结其通风、采光、遮阳、保温的技术经验，来探讨气候环境在民居发展演变中发挥的作用机制；其次，依据新疆环境资源的实际状况，提出从地方材料和传统构筑方式中挖掘传统技术的潜力，采用被动式技术与主动式技术相结合的适宜技术，高效地利用太阳能、风能和地下水循环系统；最后，形成高效、和谐、无污染、节能环保的生态民居新概念和设计策略。

　　这一研究课题符合新疆现在的自然条件、经济形态、文化环境和社会结构的整体需求，有助于传统民居的传承和发展，同时还能与当地环境和谐统一起来。更重要的是它提醒我们应从单一的注重民居建设转向环境整体建设，注重技术发展与自然生态的协调；从以人为中心转向人与环境并重，维护环境的生态平衡；从高标准、高消费转向以环境为本的可持续性来，提高能源和资源的利用效率，使我们居住的环境既满足当代人的需求，又不危及后代人的生存及发展。从这一课题中我们可以看到民居的气候适应性是关于"人居环境"学术研究及建筑创作的一个非常值得仔细思考和深入研究的课题。

本课题研究得到北京市教育委员会长城学者培养计划项目"中国传统地域性建筑室内环境艺术设计研究"（项目编号：CIT&TCD20190321）的资助，本书为该项目的成果之一。本书只是中国传统地域性建筑室内环境艺术设计系列研究的一个部分，期望后续的研究能够得到持续的资助和支持。

目 录

第3章 阿以旺民居空间模式的衍化过程

第4章 阿以旺民居空间模式的气候适应性

第5章 阿以旺民居中建筑构件的气候适应性

第6章 阿以旺民居对自然资源的充分利用

第7章 新疆特殊气候条件下新技术和传统结合

第8章 结语

第 **1** 章

绪论

1.1 选题的背景

1.1.1 生态环境背景

气候与人的生产生活密切相关，它在一定程度上决定着人的居住方式。新疆是我国面积最大的省份，有着多样的地貌和气候特征。新疆有着高差悬殊、跌宕起伏的自然地貌，自然地貌类型丰富。特殊的地理位置和独特的自然地貌，形成了极端多变的气候：气温跨度大、空气干燥、降水资源分布不均、太阳辐射量大、多大风等。由于新疆处于干旱和半干旱的生态环境中，遵循大自然的基本规则，为了最大限度地适应地方的自然条件和气候，建筑依存自然的同时，也改善并创造自身的小环境，因此大量的生土民居存在于此（图1-1）。阿以旺民居就是在干旱和半干旱的气候环境下形成了现在独特的空间格局和地域风貌的，尊重自然，顺应环境，是典

图1-1　新疆生土建筑
（图片来源：网络）

图1-2 喀什民居

型的生态型建筑，呈现出与自然极为和谐的融合之美。新疆人民为了适应当地的气候环境，充分利用当地的自然资源来丰富民居的功能空间，营造健康、舒适的居住环境（图1-2），通过民居建筑室内外微气候的营造，使其具有适应全年极端气候复杂性的能力。随着建筑新时代——生态建筑的到来，我们在对新疆民居的研究过程中应越来越重视新疆地域的气候特征，着重对传统气候适应性技术和地方材料的挖掘与改良，还应考虑借助新技术、新材料创造新的适应手段，使新疆民居建筑能最大限度地利用可再生资源，实现民居建筑的可持续发展。

1.1.2 社会经济背景

1999年年底，中央实施西部大开发战略，加快中西部地区的发展。2000年，新疆召开"西部大开发与新疆经济发展战略研讨会"，提出以重点城镇带动多层次发展的战略。2013年9月和10月，习近平总书记提出建设"一带一路"合作倡议，共同打造政治互信、经济融合、文化包容的利益共同体、命运共同体和责任共同体。随着"西部大开发"和"一带一路"战略的实施，新疆地区的经济、文化、历史与生态价值都受到格外的重视。新疆各地都开展了以关注民生为主题的"新农村"建设高潮，城镇化水平显著提高，但发展的同时也带来一定的问题，致使"拆旧建新"的思想逐渐泛滥，城镇建设追求新形象和大规模，致使一些地方丧失了本来的面貌。由于忽略了对地域风貌的保护，使得很多具有地域特色的民居建筑遭到了破坏，长期以来的生态居住模式遭受到一定程度的破坏。传统的城镇和民居中记载着人们生活的历史，孕育着独特的生命力，给生活其间的人们以归属感和认同感，是人们寻找乡愁的去处和心灵的归宿。尽管中国经济得到长期的发展，但我们仍是一个发展中国家，处在成长和上升的阶段。在城镇更新和民居建设过程中，我们必须全面考虑所属地区的经济发展状况、生活水平和当地人们的生活习俗及文化传统，充分发掘新疆传统建筑的气候适应性技术的优势，创造性地加以利用，才能建造与地方地域特点相结合的民居建筑，最终使新疆民居的生命力更加旺盛，并在可持续发展的基础上满足当下人们对美好生活的需求。随着新疆城镇化发展的深入推进，迎来了城镇建设和地域性建筑创作的新局面，为新民居的设计探索和建设带来了前所未有的机遇。

1.1.3 民族文化背景

一个民族的文化传统是在其历史演化中继承和发展的结果，也是一个民族乃至于一个国家生存、发展、沿袭下来的根本所在，是整个人类文化的精髓和有机组成部分。新疆地处亚欧中心，是四大文明的交汇之地，长期以来的贸易活动和文化交流，再加上多民族（维吾尔族、汉族、回族、锡伯族、满族、俄罗斯族、达斡尔族、哈萨克族、蒙古族、柯尔克孜族、塔吉克族、乌孜别克族、塔塔尔族等）的长期共存发展，使新疆形成了独特的地域文化。各国家和地区之间文化的频繁交流、原始游牧文明的历史积淀以及宗教信仰三个方面共同作用投射到物质层面，使得民居表现出了一定的地域性、时代性和民族性的特征，新疆民居建筑也拥有其丰富而多变的风貌和历史文化内涵（图1-3）。新疆的传统民居，由于气候条件、

图1-3 伊宁民居的窗户具有外来文化的特征

自然环境以及民俗的多样性，呈现出与之相适应的民居类型，有共性的一面，更有独特性的一面。因此，我们探讨新疆民居在气候适应性过程中的演变机制时需将民族文化所起到的作用加以综合考虑。

1.2 选题的目的和意义

1.2.1 选题的目的

首先，随着全球环境、能源问题的加剧，人们已经越来越多地意识到建筑适应环境气候的重要性。建筑师也努力地朝生态的、可持续发展的建筑方向努力，在处理文化和技术的基础上，使建筑积极地适应气候和环境。究其原因在于，在建筑设计中充分利用气候资源，就能够在创造舒适健康的室内环境的同时，减少机械设备的用电量，从而减少对煤、石油等化石能源的消耗，进而减少二氧化碳等有害气体的排放，最终对全球生态环境起保护作用。因此我们对已有的传统民居的气候适应性进行研究归纳，找到其生态建筑的可借鉴因素，为今后的可持续建筑设计提供一定的参考。

其次，近年来我国设计领域越来越重视对于"民族性"设计的探索与研究，我们也希望从个人所学之角度对于设计的民族性和地域性问题，特别是在民居方面进行一些尝试性的研究和探索。我们所指的"民族性"是一个民族所有文化的精华，作为设计师应该在这些精华中找寻探索其中的灵魂元素，然后将其应用于自己的设计中，使其能够代表一个民族来展现在世界的舞台中，并能使其与全球文化背景和时代发展相契合，这样才能使作品具有民族性的同时还具有国际性。任何一种所谓的"国际化"的艺术设计，都不可能脱离其赖以生存的民族文化土壤和根基。中国传统的民居形式经过几千年的发展不断丰富，为现代住宅设计提供了一个很好的基础。

1.2.2 研究意义

建筑的最初形成，是人类基于对自然和气候的抵御，为了得到舒适、安全、健康的生活环境，从而设计的遮风挡雨的处所，安全、遮风、挡雨、健康是建筑最初的，也是最基本的功能。正是因为这些因素，建筑从一开始就注定了与气候息息相关。在地球上，不论是任何国家、任何民族和任何地区的民居建筑，都有一定的气候适应性。然而，随着科学技术的发展，使人类对抗自然的力量大大加强，可以利用机械设备来维持室内所必需的舒适环境，所以人们对气候适应性的设计意识就越来越弱。而且近些年来，大量的国际风格建筑不断出现，使得有些建筑师认为对于气候适应性的设计是不必要的，便单纯地以建筑的形式需要为主要出发点来进行设计。这些不考虑气候适应性设计的建筑，在一定程度上都会造成能源浪费，且对人们的生理和心理健康都无益。本书在特殊气候环境下对新疆阿以旺民居进行深入分析考察的同时，对当地气候适应性的建造方法进行系统分析，借以印证气候适应性设计对于民居建筑的重要性。

1.3 选题研究现状

1.3.1 国内情况

有关新疆阿以旺民居的气候适应性的研究应从两个方面来进行，一是民居建筑，二是生态建筑。国内对新疆民居的研究的代表是1995年新疆土木建筑学会编著出版的《新疆民居》、2009年陈震东编著的《新疆民居》和2020年《中国传统建筑解析与传承　新疆卷》编委会所编的《中国传统建筑解析与传承　新疆卷》，对新疆民居从历史沿革、自然条件、民族分类等方面进行了总体概述，其主要是对民居的类型、空间形态、建造工艺、装饰特色等做了系统的描述，并没有对其特殊环境下内在的空间单元及演变机制做深入分析。还有一些针对全国大部分地域的民居建筑进行研究的书籍，如孙大章的《中国民居研究》和陆元鼎编著的《中国传统民居与文化》等，其中就有对新疆民居的研究，但只是宏观层面上对区域建筑的总体概述，没有对其基本的建筑形制做系统的论述。国内对生态建筑研究的书籍有冉茂宇编著的《生态建筑》，系统地介绍了生态建筑对气候和技术的利用以及其在国内外的实践经验和价值，但对于中国传统民居的生态研究却是一带而过。

1.3.2 国外情况

国外与本课题相关的研究主要是针对气候与环境的建筑创作研

究。现代建筑大师勒·柯布西耶、阿尔瓦·阿尔托都以设计结合气候著称。其中对传统地方建筑有独特环境适应策略的建筑师代表是埃及的哈桑·法赛、印度的查尔斯·柯里亚、瑞士的拉尔夫·厄斯金，他们虽然身处于恶劣的干热气候、湿热气候和高寒气候地区，却能够充分利用建筑自身的形态、布局、朝向、空间等关系，结合地方材料和建造技术来营造适宜人类居住的可持续性生态建筑及环境（图1-4、图1-5）。

图1-4　法赛设计的埃及哈拉瓦住宅

图1-5　法赛设计的住宅内院

1.4 选题研究的方法

1.4.1 实证的方法

收集有关新疆地区的人文环境、地理特征、经济发展状况、生活习俗、传统民居建筑等方面的资料，以实际的调查结果为主要资料来源，将各方面的资料进行汇总、分析，结合对新疆部分地区的走访和调查，深入分析新疆地区的自然环境、地理特征和气候条件对民居形态的影响。

1.4.2 比较的方法

　　用横向比较和纵向比较相结合的方法，来得出新疆民居的发展方向和最佳的适应方法。横向比较阿以旺民居在不同的气候条件下所表现出的适应手段，以此来概括出民居在气候环境下的变化机制和生态效应。纵向比较不同的历史社会背景下，民居所发生的变化，由此总结出在不同的时期，气候环境始终主导着民居的空间形式和组织方式，民居的适应性技术自始至终都应得到传承与发扬。无论是传统的适应技术，还是现在的高科技都应以气候适应性为原则，以人的心理和生理需求为出发点，以可持续发展为宗旨，创造性地发掘适宜当今社会需求且具有生态价值的适宜技术。

1.5 研究思路

　　本书写作思路可以简单总结为：始于特殊气候下的民居建筑，终于生态民居建筑的气候适应性技术。首先从民居的空间模式入手，分析其空间布局及组织原理的成因及特征；再将研究对象进行系统分类研究，之后对窗和墙的形式与功能进行归纳，可以总结出其气候适应性的特质；接着通过民居中对自然资源的利用方法，对所研究的民居气候适应性进行系统科学的分析；然后对民居中新技

术的开发利用进行可实施性分析总结。最终确立民居建筑中气候适
应性技术的重要地位，并为这类气候适应性技术的理论提供尝试性
初探（图1-6）。

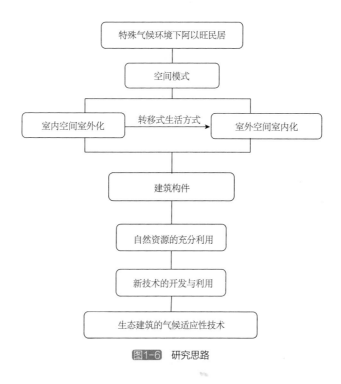

图1-6　研究思路

第 **2** 章

阿以旺民居的自然与文化背景

2.1 新疆地区的自然气候环境

新疆气候炎热、干燥、少雨，是极端干旱的大陆性气候。新疆的地形地貌可概括为"三山夹两盆"，北部有阿尔泰山脉，南部有昆仑山脉，天山山脉横亘中部，把新疆分为南北两大部分，北部是准噶尔盆地，南部是塔里木盆地。习惯上称天山以南为南疆，天山以北为北疆。北疆的气候寒冷、干燥，全年低于0℃的天数就有160天左右。南疆的气候冬冷夏热，风沙较大，每年的大风日较多，风会把沙漠中的土、沙吹到天空中，尘土会在天空中悬浮，形成昏暗的沙雾天气，能见度很低，人们一般称之为"沙暴日"，南疆地区沙暴日每年要持续28～52天。南疆地区早晚温差较大，"早穿皮袄午穿纱，晚上抱着火炉吃西瓜"。气候干热少雨，降雨量非常小，一般每月在46.4毫米左右，高达41℃的高温，蒸发量达2477毫米，历年各月日照时间长达2766.9小时左右。正是为了适应这样严酷的自然气候环境，阿以旺这种民居形式才应运而生。

2.1.1 新疆的自然环境

新疆土地面积大约占全国土地面积的六分之一，约166万平方公里，由于其身处亚欧大陆的中心区域，所以距海洋较远，最远的地方可达6000公里。新疆处于中国的西北边境，与蒙古、巴基斯坦、俄罗斯、印度、哈萨克斯坦、阿富汗、吉尔吉斯斯坦等国家相邻，有5000多公里的国境线。新疆地区的天山山脉四周有众多的盆地、谷地，那里的土质肥沃，水草肥美，气候也比较温暖潮湿，是良好的天然山区牧场（图2-1）。南部的昆仑山脉平均海拔5000米，其中有世界第二高的山峰——乔戈里峰，海拔8611米。在新疆的塔里木盆地中有我国最大的沙漠——塔克拉玛干沙漠，也是世界第二大流动性沙漠。位于新疆北部的准噶尔盆地拥有我国第二大沙漠——库尔班通古特沙漠。这些沙漠构成了新疆荒漠地质的景观，其中有沙漠、戈壁、盐漠、泥漠、岩漠等。新疆还有许多著名的山间盆地，如伊犁盆地、哈密盆地、焉耆盆地、什托洛盖盆地等，其中最值得一提的就是吐鲁番盆地，它处于我国陆地的最低点，低于海平面155米，聚热速度极快，而且降水极少，夏季十分炎热，被称为新疆的"火洲"。除了炎热的沙漠和盆地，新疆还拥有众多的内流河和咸水湖。由于新疆境内的冰川面积占全国的42%，所以这些河流湖泊多来自冰川"固体水库"，其中塔里木河是我国最长的内陆河流。

图2-1　那拉提草原

2.1.2 新疆的气候环境

由于新疆地处内陆，远离海洋，所以使得海边吹来的潮湿气流难以到达，再加上新疆四周都有高山环绕，使得这里常年空气干燥少雨。由于这里地表的水分蒸发量较大，而水分补给又少，致使这里有大量的沙漠、戈壁、荒滩的形成。虽然新疆夏季炎热，春秋两季极端，但是冬季却很长，而且降水量也很多，几乎长达5个月，为新疆人民平时的生活和生产提供了大量的水资源。由于新疆地区遍布着大量的沙漠和戈壁，白天阳光的照射使地表温度升温极快，而到了夜间又急速地降温，使得新疆的日夜温差较大，一般在10℃左右，最高能达到20℃。这样大的温差变化必然带来气流的频繁转化，致使新疆常年刮风。例如春季，下层空气急速升温，加之东边的暖流作用，使得这里刮8级大风是常有的事。久而久之新疆部分地区也就成了著名的风区，如北疆的准噶尔盆地的东、西部；塔里木盆地的南沿及西沿、哈密、吐鲁番、达坂城、罗布泊等地。除此之外，新疆的一些山口地区风速也相当大，一般都在6米/秒左右，风力可达12级，年平均大风天气达150天以上。

2.2 新疆地区特殊的人文建筑

新疆民居独特的建筑风格及其艺术魅力，很大程度上受到地方传统文化、历史背景和宗教文化的影响。新疆是我国少数民族的聚居区，维吾尔族的先民是典型的游牧狩猎部落，在经过了一个世纪的草原迁徙之后，才定居在塔里木盆地这片绿洲上。新疆周边与众多国家相邻，是古丝绸之路的必经之地，也是东方文化和西方文化的集结处，受到萨满教、摩尼教、道教、景教、佛教及伊斯兰教的影响。由此民居建筑体现出了鲜明的地域特征和民族特色，一般是伊斯兰式的建筑，维吾尔族民居建筑空间开敞，形体灵活多变，门窗墙体的装饰都具有鲜明的宗教色彩（图2-2、图2-3）。

图2-2　伊宁民居

图2-3　喀什民居

2.2.1 新疆悠久的历史文化

新疆民居在今天所具有的鲜明的个性特征是与其特殊的文化背景分不开的，它的建筑风格也是在历史的发展与变迁中逐步形成并成熟起来的。早在公元前550年，新疆波斯帝国的土著居民信仰先为自然崇拜、动植物崇拜、生殖崇拜、图腾崇拜，之后塞人、栗特、羌人、大月氏、匈奴、乌孙、汉族人陆续迁入，渐渐过渡到信仰萨满教、祆教、佛教。佛教自公元前100年左右传入新疆后便成为当地普及最广且信众最多的宗教。到了魏、两晋、南北朝时期，这里的居民主要为柔然人、吐谷浑人、高车人、嚈哒人、汉人，这时摩尼教和道教陆续传入新疆，并对当时的文化产生了一定的影响。之后的隋唐五代时期，从漠北西迁来的回鹘人带来了对现今新疆影响深远的伊斯兰教文化，并于900年后建立了以伊斯兰教为国教的喀喇汗朝。到了宋、元、明时期，这里的民族主要为契丹族、蒙古族、汉族、维吾尔族、哈萨克族和部分回族，这时基督教传入新疆，并迅速传播开来。到了清朝时期随着更多的民族迁入新疆，并带来了他们的文化，新疆逐渐形成了伊斯兰教、佛教、天主教、基督教、道教等多个宗教共存的局面，并且这一形势一直延续至今。

2.2.2 新疆宗教文化对建筑的影响

由于新疆在不同时期受不同宗教文化的冲击，使其呈现出众多民族文化交融的现象，且建筑艺术也表现出多元化的风格。例如火焰山吐峪沟的佛教洞窟和伯兹克里克千佛洞都是受佛教文化影响兴建起来的。除了这些宗教古迹外，我们还能在现今的民居的构造方式和装饰风格上找到宗教对建筑影响留下的符号和信息。像现在民居的柱基上还刻有莲花图案以及梁下垂花板上印有钹、磬、荷花叶等图案。伊斯兰教是继佛教之后少数民族信仰的主要宗教。它对新疆建筑的影响呈现两种不同的艺术形式，一种是传统的西亚宗教建筑，它秉承了传统西亚建筑的尖挑拱、拱门顶部、柱帽上的叠涩构造、磨砖拼花、雕砖尖券、穹顶及植物的花、茎、叶、蕾图案等（图2-4、图2-5）；另一种是回族教徒带来的，已经本土化的富有汉式建筑文化的民居形式。

图2-4　库车大寺

图2-5　库车大寺礼拜堂藻井

2.3 新疆地区生态建筑的发展

新疆地区有一半以上的面积是戈壁沙漠，气候干旱少雨，日照时间长且太阳辐射强烈。在这样的气候环境下，新疆民居在空间组织及材料构造上因地制宜，利用可再生气候资源——太阳光、风、水等，有效地防治过热、过冷的气候危害，从而体现出民居建筑本身的生态性，并与当下可持续发展的核心内容——资源利用、环境保护、生态需求相契合，反映出很高的生态价值。

2.3.1 古生土建筑的生态魅力

新疆原居民对于新疆当地气候条件恶劣和耕地面积少等现状进行积极的适应，并总结经验，努力在维护自己生存的基础上合理地使用生产性耕地和建造遮风避雨、保暖御寒的安全住所。他们保护耕地牧地，尊重自然，爱护自然，保护水源，保护森林，维护大自然的生态规律和人类生存的生态规律，使它们之间达到一种平衡状态。地处吐鲁番的交河、高昌故城是世界上最古老、面积最大而且保存最完好的都城遗址（图2-6）。它便是原居民利用生土黏度高的特性，将整个城市从天然的土壤中挖掘出来，这种土层能下挖好几米而不坍塌。城市四周临近悬崖，所以房屋一般都处于台地区域，并从东、西、南三侧建起三座壁崖的城门。现在看来这一条条街道遗址犹如一道道战争的壕沟，狭窄而又幽长。故城虽经历岁月的冲蚀，护城河道却依稀可见，这尊巨大的生土雕塑为我们展示出古生

图2-6　交河古城
（图片来源：网络）

土建筑当年的庞大规模，也让我们看到最初的生态城市的面貌。

2.3.2 新疆生态建筑的发展趋势

新疆地区生态建筑的发展过程好似人类的发展史，它是新疆人民克服种种恶劣的自然环境，发挥自己的聪明才智，对居住环境不断地进行改良、创造，使自己从被动地适应到主观地创造，从单体的偶发性思维到群体的共识，他们经历了从游牧式的生活方式到依托建筑理论搭建固定住宅来抵御严寒酷暑，这些都表现出了人类生存状态的变化模式。同时，也说明人类的发展必然包含着自然生态和人文生态两个范畴。自然生态也就是自然的原本状态，而人文生态也就是人类为了生存而去积极地适应环境的行为，这其中很重要的一点是要在尊重自然的基础上，否则将会本末倒置，使人类自身的生存受到严重的威胁。

随着社会经济水平的提高，新疆人民在面对自然的恶劣气候时开始利用科学技术获得温暖舒适的居住环境，但也会给本就贫瘠的自然环境带来一定的破坏。面对这一现象，新疆地区只有发展生态建筑才能达到自然与人类的和谐。而现在的生态建筑前期投入较高，而且利益的回报通常会多作用于社会和居民，开发商的回报并不可观。所以新疆将来要大规模地发展生态建筑，必须建立一套新的价值观和行为规范，使整个社会对可持续发展给予肯定，并且需在立法、税收方面进行改革，使生态建筑具有一定的经济发展价值。生态建筑是现今新疆发展的必然趋势，应当受到社会的关注和支持，努力为新疆未来的发展奠定坚实的基础。

第 **3** 章

阿以旺民居空间模式的衍化过程

3.1 原始游牧生活方式下的流动式民居

新疆的哈萨克、蒙古、柯尔克孜、塔吉克等民族为了适应新疆当地的自然地理环境，自古就一直沿袭着游牧的生活方式。他们遵循着季节的变化，逐水草而迁徙放牧，久而久之就形成了阔斯和毡房这种流动式的居住形式。这种民居因为是根据季节、气候、草场的变化而创造的，因此十分便于迁徙、搬运和装卸。

3.1.1 春、夏、秋季居住的阔斯

阔斯的形式为锥形，和我们现在看到的蒙古包类似（图3-1）。阔斯的特点是比较轻便、容易拆卸且安装起来比较方便，还很容易携带。这些特点对于当地游牧式的生活方式来说是再好不过的选择。它的主要构件是数十根木斜杆，木斜杆在顶部用皮绳绑扎或是直接插入一个活动式的顶圈构件中，外围覆盖毛毡或牲畜皮。这些

图3-1　阔斯
（图片来源：陈震东. 新疆民居［M］. 北京：中国建筑工业出版社，2009：76.）

构件看似简单，却凝聚了很多当地牧民的聪明才智。首先，顶圈这种活动式构件，形为圆形，表面有孔，木杆插入洞眼中被皮绳捆绑成围带，这种捆扎形式可以很好地加强其防风性，而且顶圈上还有活动毛毡，它可以随昼夜的变化调节室内的通风采光。其次，外围覆盖的脱脂羊毛毡和牲畜皮可以增加其保温性和防水性。但阔斯这种流动式居住形式还是有其自身的弊端，屋内空间狭小，采光通风比一般的固定式住宅要差，而且人们在里面活动较不便，因此后来这种民居形式慢慢被毡房所取代。

3.1.2 春、夏、秋季居住的毡房

新疆传统民居的毡房，除了拥有阔斯携带方便及防寒、防雨等优点外，它还具有居住舒适、空间较大、空气流通、光线充足等优点。它的构件也是由房杆、顶圈、围墙、房毡、门组成。它最大的好处就是围墙可以自由收缩组合，数量4～12面不等，可以根据家庭成员的多少来控制屋内空间大小。这种围墙是由红柳木栅栏横竖交错编制而成，它宽约1.8～3.2米，高约1.5～2.1米。围墙内部是下部弯曲的房杆，下部弯曲部分直接用皮绳固定在围墙上，而顶部则直接插入顶圈的圈眼内。毡房的顶圈同阔斯的形式一样，不同的是它的直径比阔斯要长，在1米左右。毡房的外围比阔斯多覆盖了一层芨芨草秆排列编成的帘子，这样更增强了毡房的固定性和防寒性。毡房是在阔斯的基础上发展起来的居住形式，充分适应了当地的气候环境和牧民的生产、生活方式，被当地人们称为"白色的宫殿"（图3-2～图3-4）。

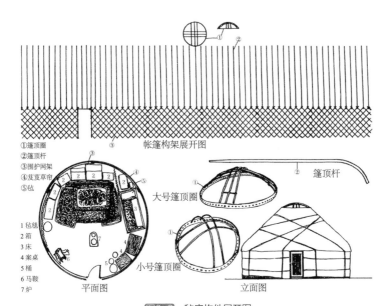

①篷顶圈
②篷顶杆
③围护网架
④芨芨草帘
⑤毡

1 毡毯
2 箱
3 床
4 案桌
5 桶
6 马鞍
7 炉

帐篷构架展开图

大号篷顶圈

小号篷顶圈

篷顶杆

平面图

立面图

图3-2 毡房构件展开图

（图片来源：严大椿. 新疆民居 [M]. 北京：中国建筑工业出版社，2018：185.）

图3-3 那拉提草原毡房

图3-4 那拉提草原毡房室内

3.2 原始游牧生活方式下的固定式民居

由于原始的天然放牧生产方式，导致了当地居民畜牧转场的生活方式。牧民们要按照一年四季草场所处的位置、水草生长的情况不同而将牲畜转场数次。一般分为三种草场，即春秋牧场、夏季牧场和冬季牧场。由于夏季干旱少雨，牧场的位置一般设在海拔较高的深草场，而冬季十分寒冷，牧民们会在长达近半年的时间里住居在一个有固定居所的牧场。人们按照冬季草场所处的地理环境和取材的不同，将固定式民居建造成石构、木构、生土和沙拉托等形式。这四类民居都是牧民们依据当地的自然环境，选用当地原始材料建造而成，是具有一定气候适应性的传统生态民居，也是现在新疆民居形式的原型。

3.2.1 冬季居住的木构民居

新疆的木构民居一般建造在森林茂密的山区和草原，因为这些地方林木资源丰富，且地势相对平坦，对建造提供了很大的便利条件。一般这种民居的外形都呈矩形，两间一幢或三间一幢（图3-5、图3-6）。屋顶有的呈人字形，有倾斜式的坡屋顶，也有平屋顶。它的主要材料是直径约20厘米的去皮原木，断面被切割成长方形，一般两个木板的搭接处会做成榫卯结构进行咬合，中间再添以泥土。木构建筑的屋顶在木结构的基础上会再覆以草泥或草皮，屋顶还设有天窗以便采光和通风。再往下屋体的结构也是由榫卯的形式进行交错搭接，木头与木头之间相互挤嵌在一起，非常的结实，而且整个房屋不用一个铁钉。木屋的地基也比较简便，它只是在平敞的地面上除去植被，再夯实松土，然后砌上石块就可以了。冬季人们居住在这样的木屋中，非常的温暖舒适，且坚固耐用，可长期使用。

图3-5　新疆木屋村落

图3-6　新疆木屋

3.2.2 冬季居住的石构民居

　　由于有些地区缺乏木材，以山石居多，所以当地居民就地取材，建造石屋。石屋的构造十分简单，一般会简单地在地面上稍加清理就直接砌墙，不用打地基。墙体厚重而结实，一般在50～80厘米之间，有效地防止冬季的严寒入侵。石屋的屋顶会用一些木梁和密布小木条进行搭建，再在上面铺盖干草和泥土，用以防止雨水的渗入（图3-7）。石屋的格局较多采用多间式或套间式，多间就是将客厅、厨房、卧室并排放置，呈"一"字形。套间式是将卧室和客厅兼用，而将厨房对称地布置在另一边。石构民居院内还会建造一些仓库、卫生间、牲口棚这些生活附属功能空间。石构民居由于多

图3-7   帕米尔高原山区塔吉克族石屋
（图片来源：网络）

是采用当地原始的建筑材料，所以外观看起来与大自然融为一体，本色且生态。

3.2.3 冬季居住的生土民居

生土民居最大的特点是冬暖夏凉，施工方便。它的主要建筑材料是生土，这种材料用来砌墙体和覆盖屋顶屋面，而建筑的承重是由石块来砌筑勒脚和地基，以及用梁、椽等木材来搭建屋面。生土建筑的维护结构能够满足冬季防寒的需求，具有夏季隔热的性能，在气候变化悬殊的情况下其稳定的热稳定性能有助于保持建筑室内环境的热舒适度，为人们提供一个良好舒适的室内环境。这种生土民居集美观与实用于一体，是当地人们适应环境的产物和智慧的结晶。

3.2.4 冬季居住的托沙拉民居

托沙拉民居类似于前面说到的毡房的形式，同样是由圆柱形和穹顶构成。不同的是，它的构成材料是固定式民居的形式。上部的穹隆形是由数十根木料叠成的八角形，然后逐步向上缩减而成穹隆形，外围用泥草覆盖。下部的圆柱形也是由生土和土坯砌筑而成。然而随着时间的流逝，这种托沙拉民居逐渐降为厨房和杂物房。现今也有个别家庭将其作为住居使用，是传统文化转型过程中的再现和延续。

3.3 20世纪70年代定居后的现代新村落

由于原有的新疆牧民过着传统的转场放牧生活，所以形成了同一祖宗的几户人家组成的游牧村落"阿吾勒"（图3-8），阿吾勒少的有3~5家，多的有6~7家组成，一般都是小规模分散的形式，没有较大的流动村落。由于这种形式的村落严重影响当地的经济发展和人民生活水平的提高，所以在20世纪70年代有计划、

图3-8　游牧村落阿吾勒
（图片来源：陈震东. 新疆民居［M］.
北京：中国建筑工业出版社，2009：77.）

有组织地选择合适的地点，建造了一大批布局整齐划一、院落式布置的现代新村落，使当地居民有自己固定的村落，形成农耕、商业、手工业同步发展的新的生产方式，改变了以往向大自然直接索取的传统的生产模式。

3.3.1 布局整齐划一

由于原先的村落没有事先经过规划，而是根据各民族的不同习惯自发形成的，所以有的村落是以涝坝为中心，有的以清真寺为中心，还有的以一条溪流为中心，或是以谷地为据点，或以某大宅院为起始点，自然地延展开来（图3-9）。因此原始的村落街巷狭窄曲折，一般都在3～5米，仅能供一辆畜力车通过，而且也不注重两边的绿化。

图3-9　伊宁城中村的街道

新村落经过政府统一的规划，呈网格式布置，道路端直宽阔，且整齐有序。新村落规模一般在15～30户人家，大的能达到50～100户，每户宅邸大小一致，院落整齐，一般沿道路或公路一顺排开。新村落将公共设施安排在村子的中心或端头，采用就近原则，方便人们的使用。建筑风格是典型的伊斯兰风格，细部有其民族特色。

3.3.2　院落式布置

维吾尔族民居的院落布局一旦坐地后，除极少数的宅外空地不作围合，呈现散院以外，绝大多数都以围墙、篱笆等在其周围圈合成一个封闭型的院落，并在沿路地段适当留出院门的位置。由于原牧民生活方式和人口结构、畜牧数量不同，以及新疆地域气候差异很大，所以规划后的院落布局就有其共性，又有差异。共性是一般分为4个区域：院门区（图3-10）、廊下区、果树蔬菜种植园地和私密区。私密区是

图3-10　民居入口

指厕所或堆放杂物的地方，一般设置在院角、房后等较为隐蔽的
地方。

3.4 干热气候在建筑生成过程中的作用机制

由于新疆特殊的地貌特征，使得沙漠、绿洲、严寒等干热气候
现象对建筑影响巨大。也因此新疆民居建筑的空间布局和组织原理
都有其适应性特征。例如厚重的墙壁以储存热量，高密度的建筑格
局以增加阴影空间，内部庭院的小气候能调节室内温度等等。然而
这些只是我们对环境影响空间形式最直观的了解，除此之外，也有
一些隐性机制在起作用。其中包括民族传统文化、人民生活方式以
及经济现象，它们在气候环境的影响下会拥有其独特性，而这些独
特性也潜移默化地影响着建筑形式的变化。

3.4.1 独特气候环境下的民族文化对建筑的作用

新疆的维吾尔族居民大多信奉伊斯兰教，所以他们的文化中受
到了很多伊斯兰宗教文化的影响。其中最主要是绿洲文化的影响，
由于伊斯兰教诞生于阿拉伯半岛，那里严酷的沙漠环境使人们将自
己的室内空间装饰得像人间天堂，绿意盎然，人们将建筑内部封闭
起来，让自己和外面的沙漠相隔绝，看不到望不到边的沙漠，以安
慰自己的心灵，暂时忘记建筑以外自然环境的恶劣（图3-11）。由

于新疆维吾尔族居民的生活环境与之相类似，所以也有这种心理需求，这是一种特殊环境下民族文化的心理现象，因此必然会对建筑形式产生影响。除此之外，伊斯兰教文化对新疆民居的装饰艺术产生了很重要的影响。例如室内墙壁使用的壁龛，保留了伊斯兰教神龛的尖拱形式，并被人们广泛地运用到室内的储藏性装饰空间（图3-12）。室内的木雕、砖雕等装饰图案都严格遵守伊斯兰教的教义，采用植物纹、几何纹进行装饰，而不选用动物纹。装饰色彩同样选用伊斯兰教常用的红、绿、蓝、白等绚丽的色彩，使其更具有伊斯兰风格的传统装饰特征。

图3-11　生机勃勃的庭院空间
（图片来源：网络）

图3-12　阿以旺民居卧室
（图片来源：孙大章. 诗意栖居——中国民居艺术［M］.北京：中国建筑工业出版社，2015：122.）

3.4.2 特殊气候环境下的生活方式对建筑的作用

由于新疆地区冬冷夏热以及早晚温差较大的气候特征，使当地居民形成了一种特殊的转移式生活方式，依据这种生活方式人们创造了形式各异的生活空间。在夏季上午气温还不太热的时候，人们会在廊下空间或庭院空间中活动，到了正午，为了躲避炎热的阳光照射人们会转移到半室外的阿以旺中厅就餐休息，晚上气温下降，人们又会回到廊下空间的土炕上就寝。冬季来临，人们便进入相对封闭的冬卧室沙拉依躲避严寒。这些随温度不同、季节不同而创造的半室外空间和封闭的室内空间，既是由于多变的气候环境的影响所致，更是游牧民族传统生活方式的保留。原始的游牧民族为了适应多变的气候环境，一直过着逐水草而居的转场式游牧生活，对自然环境进行主动适应早已成为这个民族的生活方式。定居下来的维吾尔族居民在其居所内保留的室外、半室外的生活空间，使早就习惯于游牧生活的人民能够更接近他们一直眷恋着的大自然。这种为适应特殊气候环境而建造的民居，既能满足本民族的生活习惯，也能满足本民族的情感需求。使人们在炎炎夏日里，依然能团团围坐在阿以旺中厅内，和亲朋好友一起吹拉弹唱、尽情歌舞，享受半室外的交往空间给人们带来的愉悦。

3.4.3 特殊气候环境下的经济形式对建筑的作用

在民居建设中之所以将自然环境作为主要考虑的因素，是由于只有将地域气候、地形地貌、建筑材料等综合考虑后，才能以最为经济的方式建造最为舒适的民居形式。这也对应了传统民居构筑的基本原则，即运用朴素的低技术来改善环境的微气候。阿以旺民居是适应干热气候，运用当地生土材料进行空间功能划分最为经济舒适的民居形式。它的形成是随着当地经济水平的不断发展而不断变化的。最初的新疆原居民主要以游牧为生，经济来源较为单一，人们的生活居所只能是最为便捷、易于携带的毡房，以适应转场的放牧生活。随着解放后各民族的融合，汉民族的农耕经济逐渐进入，当地人们开始从事多种经济共同发展的生产模式，原有的毡房逐渐被固定式民居所取代，渐渐地阿以旺民居便成为维吾尔族新的居住形式。随着现代经济技术的高速发展，民居的形式也在随之发生着改变，但不管经济如何加速发展，传统民居构筑的基本原则应该继续加以利用，因为这一原则能使新疆民居永葆其生态性，使其具有长远的生命力。

第 4 章

阿以旺民居空间模式的气候适应性

4.1 因地制宜的建筑空间

　　新疆阿以旺民居中因地制宜的建筑空间主要表现在气候适应性上，它根据新疆当地的气候特点，进行有针对性的建设。譬如由于新疆夏季时间长，昼夜温差较大，所以新疆阿以旺民居将居住空间分为冬夏两种居住空间，也就是我们常说的冬室、夏室。

　　阿以旺民居的空间布局是以一个中央大厅为中心（图4-1），四周布置所有用房，而这个中央大厅就是明亮的阿以旺开放空间，即夏室（图4-2）。在中厅周围还有一组封闭的沙拉依空间，即冬室。这两个空间构成了新疆阿以旺民居因地制宜的基本建筑空间。除了冬冷夏热的季节温差对建筑的影响之外，还有就是新疆的沙尘天气，新疆地区沙暴日每年要持续28～52天，正是为了适应这种气候特征，新疆阿以旺民居的空间布局呈内向式封闭空间，整栋建筑除了门户外，外围不开任何孔洞的实体造型，以防沙尘进入室内空

图4-1　阿以旺平面布局
（图片来源：陈震东. 新疆民居［M］.
北京：中国建筑工业出版社，2009：89.）

图4-2　阿以旺民居夏室
（图片来源：网络）

间。除此之外，为了适应当地干热少雨的气候特征，新疆阿以旺民居还十分注重阴影空间的制造，在庭院中以种植藤架植物的方式，使人们在炎炎夏日也能在自家院子里享受一份清凉。

4.1.1 阿以旺民居的空间布局

中厅式与排列式是新疆阿以旺民居的两种布局形式，其中中厅式组合历史较悠久，流传最广，也最具代表性。它是由标准阿以旺和拓展部分组成，规模较大的会有几个阿以旺厅。标准阿以旺由五个区域组成，分为：一、阿以旺厅（中心区），由于标准阿以旺面积不够大，不能满足款待较多宾客的需要，所以常用卡拔斯阿以旺替代，作为家庭生活的基本部分。二、"沙拉依"单元房室（家庭生活区），围绕阿以旺进行布局，是主人日常生活的区域。一般根据家中人口的多少设置一组或两组沙拉依，每组通常由三间房组成。沙拉依都为平顶，靠天窗采光，有较强的私密性。三、客房（待客区），毗邻几个规模较大阿以旺厅来进行布置，一般这些阿以旺厅面积大、空间高、灶台宽，并且为了体现维吾尔族热情好客的习俗，一般都装饰富丽，陈设讲究，还会装饰一些壁毯、壁龛、地毯、石膏线等等。四、杂物区，设在果园的一角，并配置依水池、牲畜棚、果窖、储藏室等。中厅式组合方式的特点是封闭性很好，非常适用于当地的沙尘天气。排列式组合方式是指阿以旺厅与其他卧室、客房平行排列呈"一"字形或"U"字形。"U"字形是在"一"字形基础上扩展东、西厢房，并包围一个小天井。一般"U"字形空间组合多设一个内走廊，联系各房间，走廊的尽头一般私密性较好，"沙拉依"冬室多置于此。排列式组合方式的特点是造价低，可分期建造，是经济条件一般家庭的首选（图4-3）。

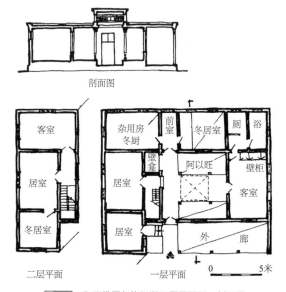

图4-3 和田维吾尔族阿以旺民居平面、剖面图

（图片来源：严大椿. 新疆民居［M］. 北京：中国建筑工业出版社，2018：125.）

4.1.2 阿以旺民居的组织原理

一、利用中厅空间采光、通风、降温

由于新疆地区风沙大，沙暴日较多，为了阻止沙尘的入侵，整个中厅呈内向、封闭式布局，除了通过中厅顶部的高侧窗进行采光外，无一对外的孔洞。高侧窗能充分满足室内空间的采光需要，而且高侧窗的顶部呈凸起状，所以窗口与建筑入口形成良好的空气穿流路径，敞开的中厅空间与外廊连接畅通，形成了穿堂风，这样中厅也就起到了一个风管的组织作用（图4-4）。不但如此，由于中厅是夏季室内的主要活动场所，是室内温度较高的区域，穿堂风能很好地带走热量，降低温度。

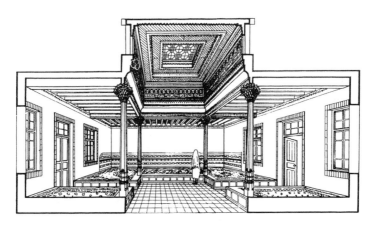

图4-4 阿以旺民居剖透视图

（图片来源：严大椿. 新疆民居［M］. 北京：中国建筑工业出版社，2018：124.）

二、适应多变气候的转移式生活空间

由于新疆夏季与冬季的气温波动较大，当地居民根据季节创造了动态多样的转移式生活空间。如封闭、私密的冬室，开敞明亮的夏室，绿荫遮阳的棚架空间等等，人们可以根据每年季节的变换和早晚的温差来转移生活空间以适应环境。

三、阴影空间的创造

在新疆的农村，村落周围会种植一些高大的植被，用来抵御阳光的强辐射，同时又能防止沙尘暴的入侵，从而形成一个天然屏障。而在新疆的城镇，人们把房屋之间的距离拉得很近，用以形成建筑之间相互的遮挡，减少建筑本身的受热面积，降低室内温度。除此之外，建筑内部的庭院空间、棚架空间也是第二道阴影屏障，既遮挡了阳光，降低了建筑外表面的温度，又减少了墙体的热传递，极大地改善了高温给人们生活带来的影响。

4.2 炎热气候下室内空间室外化

在传统民居的建设中，由于受到自然环境以及经济条件的限制，人们不得不以最为经济的方式选择建筑形态来适应气候环境的变化，以达到最为舒适的居住效果。因此，阿以旺民居的建筑空间模式有其自身的气候适应性特征——空间界定的模糊性。室内空

间、室外空间由于功能的多样性而发生了改变，正是这种改变使得室内外空间的联系变得生动而流畅，也使得建筑的住居功能被很好地运用。室内空间的整体组织由于围墙所形成的界定与外界隔绝，呈内敛状态，室内空间由于开窗少而小，有的还不开窗，显得封闭、厚重，私密性很强。但由于新疆历年沙尘日长达一到两个月之久，在这期间人们无法进行室外活动，这对于酷爱户外活动的维吾尔族人们来说是无法接受的，所以他们建造了这种明亮开敞的阿以旺中厅，用以代替室外活动的功能场所。

4.2.1 阿以旺厅——夏室

阿以旺厅（图4-5）又称"夏室"，是维吾尔族人夏季主要的起居、就寝的场所，由于新疆深居内陆的干旱地域，冬季严寒，夏季炎热，且冬夏两季长而春秋两季很短，居住地点又在高山两侧接近沙漠、戈壁或荒滩的缓坡或平原地区，所以要求阿以旺厅具有防风、防尘、保温、避热的功能。因此，阿以旺厅的形式是内部各室的门窗都开向中厅，中厅四

图4-5　阿以旺厅

（图片来源：李文浩. 新疆维吾尔族传统民居门窗装饰艺术 [M]. 北京：中国建筑工业出版社，2016：11.）

周布有柱网，用以支撑高侧窗采光通风，同时也是为了解决大空间的跨度问题。由于阿以旺厅要满足节日、嫁娶或是亲朋好友欢聚畅饮的需要，所以面积都较大，最大的有80~100平方米，最小的也有30平方米，一般都在40~50平方米左右。柱网与四周墙体间除留出入室通道外，均砌有实心炕台——苏帕，其上铺地毯供人坐卧，中间留有空地，通常人们会在苏帕上团团围坐或吹拉弹唱，尽情欢愉。有的小型中厅上方或较大的房间中设有小型隆起、有盖的天窗，则称为"开攀斯阿以旺"（即笼式阿以旺）。

　　阿以旺中厅的特点是既可用于室内的起居空间，又能满足"户外活动"功能，并且面积大、层高高、光线好、通风顺畅，是夏季最佳的半室内空间。

4.2.2 阿克塞乃——带廊的天井

　　在气候相对温和、风沙较小的地区，可以不需要封闭的顶盖，那么有围合的居室所形成的带檐廊三合院或四合院的建筑形式，当地人称为"阿克塞乃"（图4-6、图4-7），意为白色的居住家园。由于它的中

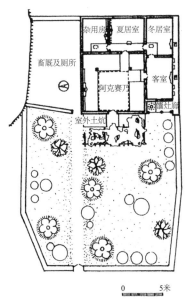

图4-6　阿克塞乃平面
（图片来源：严大椿. 新疆民居［M］.
北京：中国建筑工业出版社，2018：85.）

图4-7　阿克塞乃
（图片来源：网络）

央不覆盖天窗，所以形似周围带围廊的天井，它比阿以旺厅更开敞、明亮，其户外感比阿以旺中厅更强，阿克塞乃是另一种阿以旺民居中室内空间室外化的创造。

4.3　炎热气候下室外空间室内化

由于干热气候的影响，人们为了争取室外有遮阴的凉爽空间，创造性地使室外空间室内化，从连接室内的藤架空间直到庭院空间，都种植了大量的花草藤萝、瓜果树木等植被以创造阴影空间。一般我们理解的室外空间是相对室内而言的户外场地，然而在新疆这一创造性的空间中，无论是占据空间面积还是利用上，室外空间的概念都因适应性因素而弱化和变异。然而这种空间性质的变异同时也改变了建筑的形象，迫使建筑形式结合当地居民的生活状态，从而形成炎热地区居民点中特殊的景观效果。

处于炎热地区的人民十分喜爱这些舒适凉爽的户外活动场所，从开春到入冬初期，人们一年中有多一半的时间（除了夜晚入室就寝）都起居于此，在夏天最热的时候，人们甚至还睡在室外。

4.3.1 藤架空间

新疆低于海平面154米，最高年降水量仅16毫米，蒸发量达3000毫米，气温高达47.5℃。这种自然条件很难取得地面水源进行植物灌溉，但却很适宜作为藤架植物葡萄的种植环境，并且在高温气候的夏季，爬满藤架的葡萄枝叶在光合作用下，叶面水分的蒸发需要吸收大量的热量，从而降低了周围空气的温度。这样即便外面的温度再高，经过藤架空间这一天然空气调节器的作用，促进了四周房间的空气流通，使得室内非常的凉爽。并且葡萄枝叶还能反射强烈的紫外线，防止刺眼的眩光产生，形成了绿色的天棚，人们在下面既可以品尝甘甜的水果，又可以享受夏日的清凉，藤架空间是人们夏季最钟爱的活动场所（图4-8）。

图4-8　新疆民居葡萄藤架
（图片来源：网络）

4.3.2 哈以拉——庭院空间

庭院空间由两部分组成，一部分是廊前的空地，一般人们在上面铺设地砖或用夯土压实整平，在上面摆设家具以供日常生活（图4-9）。还有一部分是种植瓜果蔬菜的果园，通常它会由一些低矮的篱笆进行空间划分，相对独立，是界限比较明确的庭院空间，它的特点是面积比较大，会种植一些高大的乔木，使庭院空间浓荫遮蔽，由于里面还会种植一些作为家庭经济收入的农副产品，所以往往会用院墙进行围合。

图4-9　伊宁民居内院

4.4 炎热气候下丰富的中介空间

　　所谓中介空间是介于室内外之间，既不制约内外空间，又不孤立内外的空间。它属于一种连接的空间、媒介的空间，使建筑空间内外产生连续性。这种空间能够让人们更接近自然，使民居内的空间更加丰富，功能更加完善。处在炎热气候下的中介空间，能制造更多的阴凉空间，从而调节室内外的温度。

　　在阿以旺民居中，有一种被称之为"辟希阿以旺"的廊下空间，是室内外之间的过渡空间，也是民居中重要的生活空间。

　　廊下空间是新疆民居的重要组成部分，是室内空间和室外空间的过渡空间，它通常和室外的藤架空间相连接，使室内到庭院得到有机过渡。一般新疆民居的外廊都比较宽大，在2米以上，廊下会

有承重的支柱（图4-10）。外
廊分为三种形式，第一种是檐
廊，它一边开敞，向外延伸，
形成不封闭的单面走廊。由于
檐廊能与室外空间连成一体，
同时又具有遮阴避暑的功能，
交通也十分的通畅，所以这种
外廊最受居民欢迎。第二种是
明廊，它是由柱体或墙体、窗
户加以封闭的单面走廊，由于
这种柱廊相对围合，人们多用
它来营造较有情趣的阳台空
间。第三种是内廊，所谓内
廊，顾名思义一定是建在建筑

图4-10　喀什民居内院廊下空间
（图片来源：孙大章. 诗意栖居——中国
民居艺术［M］. 北京：中国建筑工业出
版社，2015：120. ）

内部，主要的功能就是交通功能，在其两边会布置不同功能的居室
空间。由于外廊的形式多样，建造灵活，往往成为阿以旺民居的装
饰重点，人们将其视为家族的门面，希望使每个到访的客人在一进
入院门之后，第一眼就能分辨出主人的审美和喜好。外廊有时还承
担着除交通功能以外的生活功能。外廊一般都建有土炕，土炕会占
满整个廊下空间，人们还会将就寝的家具被褥也放置于此，在平日
里人们就在外廊下进行一切家居活动。这里光线好，还不会产生耀
眼的阳光直射，并且视野开阔，阴凉舒适，是维吾尔族人理想的活
动场所。

4.5 寒冷气候下封闭的起居空间

由于新疆地区冬冷夏热的气候环境，新疆民居呈现一种封闭形式的内空间。新疆冬季一般在3～4个月，平均最低气温在-8℃，最高气温在16℃，严寒的时候极端最低气温会降到-20℃，并且北疆地区积雪深厚，南疆相对积雪较少且无风沙。为了躲避严寒，人们很少外出，冬季里更多的时间待在起居室中。所以人们将起居室设在建筑空间的中后部，并将用于通风采光的窗户设计成开孔很小的平天窗，同时将起居室的墙壁建得很厚，以此来保存室内温度。除此之外，起居室的封闭性也考虑了就寝空间私密性的因素。把卧室安排在中后部，减少外部活动空间对内部活动空间的干扰。新疆民居的起居空间分为沙拉依冬室和米玛哈那客室两种，其空间格局基本相同，只是所处的位置不同，前者居于建筑的主位，而后者居于客位。它们互不连接，相对独立。

4.5.1 沙拉依——冬室

沙拉依代表的是用于人们日常的生活起居的冬卧室，是由几间房组成的一个活动单元，民居中一般都是一组，只有较大的民居才有两组。由于它是主人用房，所以一般都处在与阿以旺厅相连接的主位上。它是冬季家庭成员的主要活动场所，私密性较强。比如女主人的房间一般都会安排在这组单元用房的最内部，走道的末端。沙拉依冬室由三间房组成，最中间的是主卧室，两边一个是冬卧室，另一个是储物室。主卧室的内部由一个密棂花格落地隔断分隔成前后两部分，前部分为走道通向两边的房间，后部分为一个大大的炕台，高约30～40厘米，上面满铺地毯，墙面还装饰有壁龛和壁台。由于冬季寒冷，出于保温的需要，整个房间中只开有一个小小的平天窗进行采光，平天窗长约40～50厘米，宽约30～40厘米。走道一端的冬卧室同样也是小平天窗采光，采用木棂花格落地隔断。不同的是室内入口处设有一个用于主人沐浴的渗漏水坑，由于私密性的考虑，伊斯兰人都在卧室中洗浴，而且洗浴空间的安排也十分隐蔽。由于冬季十分寒冷，人们还在冬卧室中设置了壁炉用来取暖。室内装饰方面基本上不放置家具，只是在炕台上铺设地毯，再在上面放置被褥和箱子，墙面上设壁龛和壁台（图4-11）。

图4-11 沙拉依冬室

（图片来源：网络）

4.5.2 米玛哈那——客室

米玛哈那客室在民居中的位置比较灵活，一般会被安置在与阿以旺中厅相通的客位居住区，但也有时把它直接放置在单独面向庭院的独立空间。由于米玛哈那是一组专门为客人准备的生活单元，所以它会与主位区相区别，具有一定的独立性。米玛哈那的装饰极为豪华，主人竭力在显示自己家庭的经济实力和热情好客的待客之道（图4-12）。

图4-12 米玛哈那客室
（图片来源：网络）

第 **5** 章

阿以旺民居中建筑构件的气候适应性

5.1 不同气候下阿以旺民居窗的形式与功能

地域环境会影响一个地区窗的形式与功能，尤其是在新疆冬冷夏热的气候条件下，更需要其能够在酷热的夏季起到遮阳、通风的作用。同时在寒冷的冬季又能够将大量的阳光引入室内，抵挡严寒，起到保温的作用。因此，新疆地区窗的开口面积都很小，且一般不开侧窗，只开前窗或天窗。这也和新疆原游牧民族长期居于帐篷的沿袭有关。民居中的窗格较为密集，一般都雕有花纹图案，窗边缘用各种形式的花纹砖堆砌，形成特殊的伊斯兰装饰风格。门窗上还会悬挂一些丝绒或绸缎质地的垂帘，以遮挡人的视线。

5.1.1 高侧窗

所谓高侧窗，一般是指开在房间两侧墙壁上，用以通风、采光的窗口，它的高度一般在2米以上。然而这种开窗方式既不利于新疆地区的风沙天气，也不利于均匀采光，更不符合伊斯兰教对住宅私密性的要求。而我们所指的新疆民居中的"高侧窗"，实际上是一种矩形天窗，相当于安装在屋顶中央上方四面围合、顶部封死的侧窗，当地人往往将其简称为"高侧窗"（图5-1）。这种开窗方式，首先能有效地提高室内的采光效率，使室内照度更加均匀，光线从顶部的斜上方射入室内，很好地防止了眩光的产生。其次，将开窗设置得比屋面凸起，起到了防尘防沙的作用。第三，由于四面采光的"高侧窗"还具有可开启的功能，所以在炎炎夏季它还起到通风的作用，形成了小型的气楼天窗。除此之外，高侧窗的顶部是实体的屋面，在夏季白天起到了很好的遮阳作用。这种集防尘、采光、通风、遮阳功能于一体的"高侧窗"，是新疆民居特有的构筑形式，是人们长期生活在严酷环境下所创造出来的，因此具有很强烈的气候适应性特征。

图5-1 阿以旺厅的高侧窗
（图片来源：李文浩. 新疆维吾尔族传统民居门窗装饰艺术［M］. 北京：中国建筑工业出版社，2016：95.）

5.1.2 平天窗

天窗即开在屋顶上的窗户，能有效地改善室内的通风采光条件，在阿以旺民居中多用于像沙拉依这样封闭性较强的冬卧室中（图5-2）。原因在于冬季为了保存室内温度，防止热量流失，人们往往更希望

图5-2 平天窗
（图片来源：网络）

屋面的开窗既小，还能使更多的阳光进入室内，而平天窗的采光效率比矩形天窗高2～3倍，并且它的面积在30～40厘米×50～60厘米，较小的面积也缩小了散热面积。由于它一般布置在屋面的中部偏屋脊处，阳光从斜上方入射，采光的均匀性非常好，还易于防止眩光，对于冬季封闭的卧室起到了很好的保温、照明、通风的作用。平天窗不需要特殊的天窗架，只是简单地在屋面上开洞，降低了建筑的高度，简化了建筑结构，因此施工十分方便，很受新疆居民的喜爱。

5.1.3 花棂格窗

花棂格窗是直接开在墙面上，作为民居内部区分室内外空间的前窗。最初人们要在墙面上开设大面积的孔洞，采用自然光对室内进行照明，但当时没有像玻璃一样的大面积的透光材料作为封隔，很难既围护室内空间，又能采光。最终人们选用木材作为窗扇材料，将其雕刻成整片结构的棂格，再在上面粘贴透光性好的纸张，这样既能透光，又能抵挡风寒，还能很好地将室内外区分开来，给人们的心理增加安全感（图5-3）。由于棂格十分精细且开孔很小，所以纸张很好固定。这种棂格窗除了具有围护、采光的功能之外，还具有很好的装饰作用。由窗棂看出去，几何式的图案中间还有各种花纹，棂条细密而有节奏地编织，再加上光影角度的变化，形成均衡跳动的美感。在强光的照射下还会产生剪影的效果。

为了防止沙暴日风沙的侵入，还有设置成内外双扇的窗，内扇

图5-3　花棂格窗
（图片来源：李文浩. 新疆维吾尔族传统民居门窗装饰艺术 [M]. 北京：中国建筑工业出版社，2016：55. ）

用来采光，外扇用整块木板抵挡风沙。在晴朗的季节，人们将外扇打开，关闭内扇采光窗，到了沙暴日的季节人们就将双扇窗全部关闭。因此这种窗很适合新疆风沙较多的地区。并且窗洞口处还会做成朝向室内的倒梯形，这样可以更多地将室外阳光引入室内，还可以防止热空气进入室内。

5.2 特殊环境下阿以旺民居墙的形式与功能

新疆阿以旺民居主要分布在南疆地区，气候干旱，生土资源丰富，所以墙体多为生土材料建成，如外墙多采用土坯墙、夯土墙和双层插坯墙，而内墙多用编笆墙或单层插坯墙。由于新疆昼夜温差大，为温带大陆性气候，冬冷夏热，所以要求民居的维护外墙具有较强的保温、隔热功能属性。在炎热的夏季，厚实的夯土或土坯砖砌筑的外墙能有效地将热量阻隔，且浅色的墙体反射率高，能高效反射太阳光，降低热量吸收。而在寒冷的冬季，昼夜温差大，生土墙面具有很好的保温性能。厚实的土墙在白天能吸收大量的热能，但因其热传导速度比较慢，所以具有良好的隔热效果，到了寒冷的夜晚，土墙又能将在白天吸收的热量慢慢地释放出来，以减弱日温差对室内的影响。生土砌筑的外墙除了蓄热隔热的特性外，还有就地取材、价格低廉、构筑方便等优点，新疆地区优良木材缺乏，生土是民居维护结构原材料的最佳选择（图5-4）。除此之外，在起居室和前室之间还会运用密棂花格落地罩进行分隔，既起到了分隔的作用，又达到了装饰的效果。新疆民居的墙体还有一个十分特殊的构筑形式，就是人们会在墙壁上挖大大小小形式各异的壁龛，用以储存物品。

图5-4　厚重的生土墙

（图片来源：陈震东. 新疆民居［M］. 北京：中国建筑工业出版社，2009：43.）

5.2.1　厚重封闭的外墙

　　新疆阿以旺民居布局十分严密，住宅与公共空间分隔严密，除了大门对街巷外，全部都是封闭的院墙，并且内部墙体都采用集合成一体的形式，这样既能防止风沙的侵入，还能减少外墙的热量损耗。阿以旺民居的墙体很厚，一般在70厘米～1米厚，这样一是为了增加墙体承重，二是保温隔热，其次它还能创造很多灵活性很强的墙体内部空间，凹入墙内的壁龛既能储存物品，还能和富于质感表面的墙壁结合，营造出新疆民居独特的装饰风格。

一、夯土墙

　　民居中的维护墙按受力情况可分为自承重墙和轻质填充墙两种，而夯土墙就属于自承重墙，它也是最为经济实用的墙体。民居中围墙较多采用这种墙体，而内墙则很少采用。它每层夯约40～50厘米，高的能达到3米，一般的也能达到2.5米左右。由于土质墙体的受力需要，断面呈底大（100厘米）顶小（40厘米）的梯形。夯土墙的施工方法：将潮湿的泥团填进两个木版夹中，每副版夹高36厘米，长200厘米，然后再用器具夯实，以此类推，可移动版夹向上夯打，版夹之间会留有错缝。利用泥土的黏性夯打起来的墙体还需用石膏抹面防雨，农舍一般用草抹面。庭院中的院墙内墙面及窗间墙面，还会用清水砖拼砌多种图案，以增加装饰性。有的富裕人家还会在上面用石膏雕刻花纹，极具新疆的民族特色。

二、土坯墙

新疆地区喜用插坯墙，它的做法是在立柱间加设立杆、斜撑和水平撑，组成骨架，接下来将土坯斜插在骨架空隙处，两面抹泥。它多用来作为内外承重墙及院落围墙。土坯墙的土坯砖是由黄土淋湿闷熟脱坯干燥而成，可砌筑各种形式的墙体。像承重墙多用1坯、1.5坯、2坯等，而阿以旺的天窗到廊空间处的墙体和公共建筑的墙塔外墙厚度就可达2~3坯。一般阿以旺民居普遍采用2坯厚的双排立柱式构架的双层插坯墙，厚50厘米。这种双层插坯墙一是能够增强热工性能，二是为了设置壁柜的需要。建筑墙体高度约2.8~3.5厘米，勒脚处用砖或砖包土坯勒脚形式。土坯墙比夯土墙有很多优点和长处，如它工艺相对没有那么复杂，施工时不会受生土烘干的时间限制，安排上更加灵活，且造价低，很适用于经济条件一般的普通家庭。土坯墙敦实厚重的肌理质感能很好地与新疆当地的地貌相协调。土坯砖还能砌筑成各种形式多样、美观大方的透空花墙，在起到装饰效果的同时还有利于通风。

5.2.2 密梠花格落地隔断

阿以旺民居的建筑格局通常是前室加后室的形式，前室以木梠格扇与庭院分隔，后室则以木梠花格落地隔断与前室分隔，形成一个走廊。木梠花格落地隔断是落地罩的一种，它是室内隔断的一种形式。民居中之所以会用木梠花罩做隔断，主要是由于门窗是联系室内外的工具，然而室内空间的划分用一般的玻璃窗会让室内显得呆板，而木棂花罩就大不相同了，它能使室内空间变得生动而有趣（图5-5）。还有一个原因是它是进入冬室前的必经之路，用它分隔空间能起到过渡空间的作用，可有效地防止风沙的进入。除了在空间分隔上的作用优势外，它还具有很好的装饰作用。由于罩本身有精巧的木刻图案，使室内隔断墙成为空透的装饰网，图案本身又能形成各种虚实对比

图5-5 密棂花格隔断
（图片来源：孙大章. 诗意栖居——中国民居艺术［M］. 北京：中国建筑工业出版社，2015：121.）

关系，这种虚实对比的构图方式，使每种木棂花罩都具有装饰的多样性，同时更具有其独特的个性特征，"变化"已成为获得室内空间美的主要因素。所以布满精细纹样空透的木棂花格落地隔断是新疆室内装饰中最为精美的构成要素。

5.2.3 壁龛

壁龛最早用在宗教建筑中，基本上都是在建筑物上凿出一个空间，用以摆放佛像，是伊斯兰教清真寺礼拜殿的设施之一，阿拉伯

语称之为"米哈拉布"（图5-6）。设于礼拜殿后墙正中处，朝向伊斯兰教圣地麦加的克尔白，以表示穆斯林礼拜的正向。由于新疆维吾尔族居民多信奉伊斯兰教，所以家中都会设置这种用于礼拜的壁龛，随着文化的交流和生活的需要，这种特殊的功能空间被当地居民广泛运用于室内装饰中。由于新疆民居的墙壁很厚，在上面直接挖龛，能很好地为人腾出生活空间，增加建筑内部的使用面积。新疆民居的龛空间非常丰富，它是室内最重要的储物空间，虽然室内很少或不设家具，但用具的储存摆设都很方便。沿四周墙壁所设的大小形状不同的壁龛各种各样，沿西墙会设置一个大型中央壁龛，由于它北向麦加，所以会作为礼拜的神龛。其他几面墙也会设置一些较小的龛空间，用来放置器物、水果、工艺品等日常用品。这些

图5-6 米玛哈那客室壁龛
（图片来源：网络）

大小不等的壁龛会布满整面墙壁，增加其装饰整体性。壁龛通常不设龛门遮挡，一般在其四周会用石膏花进行装饰，石膏上雕刻有各种伊斯兰教喜用的植物纹、几何纹，这种装饰变化丰富、做工精细，有时还会在上面填刷颜色，以此来展现主人独特的艺术欣赏水平和生活喜好。

5.3 建筑色彩

新疆吐鲁番地区夏季十分炎热，而且地处荒漠地区，草原或戈壁景色都很单调，除了绿色就是黄土色，秋天是一片枯黄，到了冬季更是荒凉。在这种环境下，使得吐鲁番地区的维吾尔族居民对艳丽色彩十分地钟爱，喜欢用强烈的对比色，每一个角落都展现着热情乐观、积极向上的民族精神。新疆民居中多选用色彩纯正的红、绿、蓝三色，这些颜色饱和度较高，且配色大胆，以加强室内装饰风格的热烈化。除此之外，人们为了适应当地的气候环境，还选用了许多既经济又环保的生态材料来构筑民居。这些色彩都体现了原始游牧民族在特殊的自然环境下独特的色彩观和审美情趣。

5.3.1 热烈纯正的宗教色（红）

红色被誉为游牧民族的共享色彩，源于维吾尔族先民信仰的原始宗教——萨满教和祆教，这两个宗教都崇拜自然中的"火"，而

图5-7 红色与蓝色搭配使用

红色就是火的代表，在维吾尔民居中沿袭了这一传统。民居中一般采用鲜红色为基准色，这种色彩给人以欢快、兴奋、艳丽、强烈的色彩感受。它通常在较小的装饰面中被采用，只起到点缀的作用（图5-7）。不过也有大面积使用的情况，但其色彩纯度都会被大大降低。

5.3.2 游牧民族的生命色（绿）

绿色在民居中一般采用较为鲜艳的碧绿色，它象征着草原的繁荣。维吾尔族对绿色情有独钟是由于维吾尔族祖先长时间以来一直过着逐水草而居的游牧生活，对于靠天吃饭的牧民来说，对自然的水草色既崇拜又喜爱。渐渐地牧民们就将绿色寓意为生命和希望。同时，维吾尔族信奉伊斯兰教，而伊斯兰教起源于炎热干旱的阿拉伯地区。在那里除了民居内部四季如春外，到处都是沙漠。人们往往会利用住宅中的绿色把自己包裹起来，用以躲避现实环境的恶劣，这是生活在干旱地区人们的普遍心理需求，自然也融入了宗教理念中，即绿色崇拜。新疆地区的环境和阿拉伯极为相近，再加上宗教的信仰，所以我们在走进阿以旺民居的时候，会发现绿色无处不在，到处都绿树成荫，一片生机盎然。

5.3.3 尊贵象征的民族色（蓝）

维吾尔族是一个多元的民族，由于历史的变迁和文化的沉积，以及宗教的影响，诸多方面的综合因素造就了现在的民族色彩——蓝色（图5-8）。蓝色在民居中一般采用较为鲜艳的碧蓝色，它象征着尊贵，且具有浓重的宗教色彩。在维吾尔族的祖源中有一支是

图5-8　蓝色的使用

西突厥，他们对蓝色就十分地崇尚。还将自己的族群称之为"蓝突厥"，由此可见他们对蓝色的喜爱程度，维吾尔族也沿袭了这一民族风俗传统——尚蓝。蓝色给人轻松明快的心理感受，这种色彩鲜而不艳，令人联想到海洋的深邃与滋润、天空的博大与清澈。它通常会被用于檐下、勒脚、扶壁柱、勒脚以上、窗台以下、柱体、顶棚、墙体与顶棚交接的顶部四圈等处。

5.3.4 生态原始的自然色（白、黄）

新疆民居中有效地利用色彩，最大限度地降低了能源消耗，将生态和色彩进行完美的组合，非常契合当下流行的绿色理念。民居中墙壁用当地盛产的石灰刷白，满足美观需求的同时，又能反射太阳光，降低室内温度，而且经济节约、易于购得，是新疆地区最理想的饰面涂料（图5-9、图5-10）。白色在伊斯兰教中象征着纯洁、

图5-9　库车民居

图5-10 喀什 艾提尕
尔清真寺礼拜堂

坦荡、朴素而高尚，给人以大方明亮的视觉感受。信奉伊斯兰教的
穆斯林们更是喜爱白色，他们个个都身穿白衣、白袍，头戴白色头
巾，足见白色早已成为他们代代传承的宗教色彩。

新疆民居中多使用夯土墙和土坯墙来搭建外墙，所以这些生土
的色彩也就成了民居中的主色调。由于新疆的土质问题，这些经过
处理的墙面都呈赭黄色（图5-11）。当然还有一部分色彩是人们为
了建筑的整体性，特地购买矿物质赭色涂料。这些涂料呈暖色，会
给人欢快兴奋之感，且因明度较低，还略显朴实。这种涂料一般刷
在勒脚、墙下部、柱子等处。由于新疆常年干旱少雨，所以当地的
土质含碱份较多，经烧制后的红砖并非浅暗红色，而是带黄的浅赭
色，所以当地居民在用窑烧土砖砌筑墙面时，民居墙体会呈现浅赭
色。除了烧土砖以外，新疆民居建筑外墙采用最多的就是夯土墙和
土坯砖墙砌筑并以草泥抹面的土坯墙。这两种墙体在人工处理后都
呈现极淡的赭黄色，明度纯度都很低，能够很好地与自然环境相融

合，从远处望去，好像建筑是从地面生长出来一般。尤其在绿色植物的映衬下，更显得温暖、朴素而富有生气。

图5-11   喀什民居

第 **6** 章

阿以旺民居对自然资源的充分利用

6.1 植被与阴影

"屋后果园窗前花，西边柏杨遮大厦。清清流水门前过，红绿葡萄架上爬"[1]，这首诗就是在赞扬美丽的新疆民居。由于新疆维吾尔族常年生活的地区气候干旱，风沙危害十分严重，且降水量非常少，所以久而久之人们就养成了保护环境、爱护花草的环境意识。当地人们喜欢用种植植被的方式来增加阴影、美化环境，以调整院落的小气候环境。同时栽种在民居四周的高大树木除了能制造阴影、调节气候外，还能抵御阳光的强辐射以及沙尘暴对民居的侵袭。

6.1.1 新疆的植被

新疆很多地区都是戈壁黄沙，气候环境十分严峻，大多数植被难以在这样的环境下生存。然而还是有一些生命力旺盛、耐干旱的植物在这里生根发芽了。新疆的植物种类可以分为草原植被、森林植被、固沙植被、药用植被、工艺植物。第一种草原植被主要有高山草甸、山地草甸、山地干旱草原、半荒漠草原、荒漠草原，其中草原地带也是新疆四季牧场的所在地。第二种森林植被主要有山地针叶林的云杉，平原阔叶林的钻天杨、北方杨、白蜡、榆、柳、沙枣，荒漠乔灌木有超旱生的梭梭草、白梭梭、杨胡、野苹果、葡

---

1 王建基. 西部古老传统的维吾尔族民居 [J]. 小城镇建设，2002.

萄、水杨梅。第三种固沙植被有红柳、三芒草等。这些植被都有耐阴、耐干旱、耐寒、耐碱、喜光、生长较快的特点，用以适应新疆地区冬冷夏热、干旱少雨的气候特点。而且固沙类植物还有根系发达、耐贫瘠、水土保持能力强的优点，即便在新疆沙暴日，固沙类植物依然能固守住土壤，防止土壤沙化。除此以外，药用类植物有百里香、党参、甘草、枸杞等，以及工艺类植物如造纸的芦苇、芨芨草和制碱的碱蓬，它们在绿化环境的同时还能给当地人民带来可观的经济收入。

这些能够适应新疆气候条件的植物也被广泛地运用于民居中。通常人们会在前院种植葡萄、杏树、苹果树、梨树等瓜果类植物，在院中种植桑树、香椿树等树木，而在窗台上和屋内则会栽种蔷薇、玫瑰、海棠等观赏性植物。这些植物给身处沙漠的新疆民居带来了四季的美景。在万物复苏的春天，苹果花、梨花争相开放，到了夏季，整个庭院绿荫密布，葡萄架上挂满了水嫩的葡萄，而且树枝上都长出嫩绿的果实，窗前的月月红、蔷薇花争奇斗艳，好不热闹，来到丰收的秋季，人们就可以品尝到甘甜的水果，即便到了银装素裹的冬季，人们也能在屋内的阳台上看到盛开的指甲花、海棠花，给本该寂静的冬季带来勃勃的生机。

6.1.2 阴影的制造

人们通过抵御阳光的强辐射、降低建筑表皮的温度、减少墙体的热传递，从而达到改善人们居住环境的目的，通常会在民居四周或内部制造很多阴影。除了上文中讲到的人们利用檐廊空间、棚架空间来制造阴影外，还会运用新疆特产的苹果树和葡萄树的树枝、藤蔓，攀缘覆盖在建筑物之上，用来搭建一个天然的绿色"廊道"（图6-1）。除此之外，走在新疆的大街小巷我们还经常会看见两旁高大参天的白杨树和树影婆娑的柳树，这些树木构成了新疆村落天然的阴影屏障，使民居能够掩映在绿树之中，躲避阳光的照射。这些个树影、藤架在创造阴影的同时，也构成了新疆少数民族独具的异乡风格（图6-2）。

图6-1　库车民居前的葡萄架

图6-2　库车旧街区的小巷

6.2 因地施材的构筑方式

　　新疆气候条件较差，并且可种植的土地面积相对较少，所以当地人们只有保护可生产的土地资源，维护大自然的生态规律，选用原生态黄土、木材来构建生土民居，用当地生产的石膏资源做装饰材料。这些生态原料是自然的产物，它们皆可以回收、再生，并且可降解、无污染，是经济的理想型绿色环保材料。新疆民居利用当地原生材料的特点加以利用，不破坏自然环境和地面空间，取之于自然，用于自然，最后又融于自然。这种因地施材的构筑方式使新疆民居真正成为低成本、低能源、低污染的可持续性生态民居。

6.2.1 生土的蓄热隔热性

　　所谓生土是一种没有腐殖质（或极少），土质僵硬板结，透水性差，缺乏营养的土，一般处于深土层下。吐鲁番地区常年干旱少雨，降水量稀少，所以这个地区生土资源丰富。这里的生土土质坚硬，含钙量高，雨水便成胶，形成黄黏土。利用黄黏土建成的阿以旺民居，综合利用生土的蓄热隔热性能搭建建筑围墙，进行自然制冷制热，利用火炕形成辐射式采暖环境，采用土坯砌筑、隔热通风的葡萄晾房。这种生土构建的民居具有就地取材、易于施工、造价低廉、节省能源、适应气候和可再生性强等特点。并且它来于自然，融于自然，有利于环境保护和生态平衡。在复杂的自然环境和能源危机的背景下，生土材料可谓是最理想的保持生态自然系统中物质流与能量流平衡的材料。

一、炕

新疆民居中因为气候条件的不同，炕的形式分为两种。一种是分布在吐鲁番地区的土炕（图6-3），由于吐鲁番地区冬季没有那么寒冷，所以人们多在冬室中设置铁皮壁炉进行采暖。土炕多用在室外廊下空间或室内中厅空间。这种土炕多是当地的生土材料堆筑的实心炕，炕上铺席，席上再铺设毛毡或毛毯。在室外它的长度和宽度通常和檐廊齐平，而在室内由于要供居民休息和起居之用，所以多沿墙而建，高度在30～60厘米之间。白天人们在土炕上娱乐、劳作，到了晚上人们又能在温热的土炕上睡觉，这种生土的蓄热性能给人们的生活提供很大的方便（图6-4）。

还有一种分布在冬季较冷、夏季凉爽多雨的伊宁地区。火炕的制作原理主要是把空气加热，让其在烟道中转换成辐射热量，然后

图6-3 室外廊下空间的土炕
（图片来源：陈震东. 新疆民居 [M]. 北京：中国建筑工业出版社，2009：182.）

图6-4　新疆新民居客
栈中的火炕
（图片来源：网络）

通过利用生土的蓄热来均匀辐射热量，以达到保温时间长、炕面温度均匀的目的。由于这种辐射式热源是最舒适的采暖形式，它能使炕面的平均辐射量比周围空气温度略高一些，使人们能够直接用身体接触采暖，在寒冷的冬季只要躺在火炕上就感受不到寒意的侵扰。而且长期睡火炕还能对某些疾病有治疗的作用。这种火炕还有一大优点，就是能够"一火两用"，炕面略高，前设灶台，冬季可以一边烧饭，一边供室内取暖，一举两得。炕上还会铺设毡毯，就餐时就在火炕中央放置炕桌，一家人围坐在温暖的炕桌旁，边吃边聊，温暖的家庭氛围油然而生，其乐融融。

二、生产性土房——葡萄晾房

　　吐鲁番人利用当地具有隔热性能的生土材料，来搭建新疆特有的生产性用房——葡萄晾房，又叫"阴房"（图6-5）。由于吐鲁番气候很干燥少雨，且日照十分充足，非常适宜葡萄生长，而且吐鲁

图6-5　屋顶上的葡萄晾房
（图片来源：网络）

番产的葡萄十分甘甜，它的糖分含量居世界第一。自古以来，葡萄就是吐鲁番向皇帝进献的贡品，但由于新疆离京都路途遥远，葡萄的保鲜成为一大难题。当地吐鲁番人将新鲜的葡萄浸入淤水洼地红泥浆中裹上泥浆，取出后晾干，再运往京都，让人吃惊的是，葡萄就像是被敷了一层保鲜膜，运抵京都后依然水润甘甜。可见利用当地生土的特性对葡萄进行保存是最佳的选择。但即便是这样，人们也很难在寒冷的冬季吃到甜美的葡萄，所以后来人们以蜜蜂的蜂房为灵感，发明了这种以土坯砌筑成的镂空墙壁的葡萄晾房。土坯砖的尺寸一般为7厘米×15厘米×30厘米，而镂空的孔洞以方形见多，通常洞宽8～10厘米，高15厘米。墙体并非全部镂空，为了承受屋顶的重量，还有一部分用土坯实砌的承重墙，分别建在地基、檐口和墙体转角处。如果晾房过于狭长，为了加强稳定性，会每隔2.5米再实砌一道土坯柱。晾房进深一般在3.5米左右，层高为2.5～3米不等。屋顶为木密肋平顶结构，即先用木材架设，再在上面铺芦苇，然后撒上当地盛产的生土进行隔热，最后以泥草抹面。晾房的房门都会开在北边，以防止阳光直射。

经过这些工序搭建的葡萄晾房既遮阳又通风，新鲜的葡萄挂在晾房木椽的若干个"挂架"上，让葡萄借着新疆的干热风把水分带走，由于阳光不能直接照射在葡萄上，所以晾干的葡萄还能保持原来的鲜绿色，成为半透明的葡萄干。由于这种葡萄晾房需要很好的通风，所以当地居民会将其搭建在山沟两侧的高坡上，但为了节省用地，人们往往将其直接盖在储物房或入口门厅的房顶上。

6.2.2 木框架结构与木雕

任何一种民居形式都或多或少地受到可应用材料和技术结构的影响，所以选择合适的材料与合理的建筑结构就显得尤为重要。新疆阿以旺民居对当地材料源进行综合考虑，最终采用木框架的结构体系。在干燥的吐鲁番地区，到处都是戈壁黄沙，可用于民居建筑的优质木材资源非常有限。加之南疆冬季气候较为温和，地下水位相对较高，土地较为湿润，所以较适合原始胡杨林、野生红柳、芦苇等荆条材料的生长。在考虑到经济节能问题的同时，为了最大限度地利用吐鲁番地区的木材资源，木框架结构通常要搭配当地盛产的生土材料、荆条材料来搭建民居。

　　一套完整的木框架体系（图6-6）主要是由柱基、地圈梁、柱、梁、枋、檩、楼盖等组成。其中地圈梁处于房屋的四周和中部的木柱下端；柱的两头都削出榫头，上方插进上梁，下方插在地梁上，木柱多用在阿以旺厅或廊下空间，其装饰雕花较为精细，一般处在人的视线高度；梁的构造较为简单，只是在梁头上做简单的造型，较密集的梁间距一般在40～50厘米，梁下还会设置托梁，托梁能够有效地减少梁的跨度、弯矩，增大了梁的受力断面和荷载能力；屋顶采用密小梁结构，即在木梁上搭放小断面木密梁，这是由于南疆缺少大尺度的优势木材，当地居民运用这种小密梁来解决大跨度问题，使屋面受力均匀，小密梁上再满铺半圆木小椽，用以达到均布

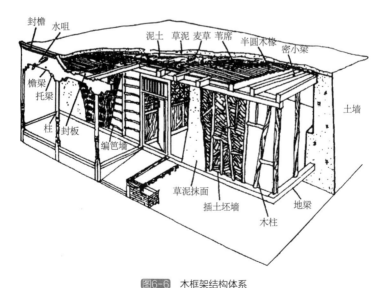

图6-6　木框架结构体系

（图片来源：陈震东. 新疆民居［M］. 北京：中国建筑工业出版社，2009：70.）

受力的效果，木小椽上铺1～2层苇席，再在上面铺6～8厘米厚苇草、锯末、树枝来保温防潮，最上面用2～4厘米草泥抹面，屋面通常用木梁或木椽拼接各种藻井图案，由于较为昂贵，普通人家多采用木板条、草泥、石膏来装饰屋面。

木雕装饰一般分为线刻和浅浮雕两种。它的雕刻工艺分为花带、组花、透雕、贴雕等。一般木雕的装饰纹样多为植物纹和几何纹，很少采用动物纹。新疆民居的木雕工艺精湛，手法多样，风格古朴自然，具有很高的艺术性。戈壁荒漠木材资源缺乏，新疆人民充分发掘当地木材的特点，创造了柱顶梁和密小梁的木框架结构，无论是在对木材的节省和利用方面，还是在受力、防潮、保温、装饰方面都取得了很好的效果。

6.2.3　石膏花饰

石膏材料同生土材料一样，是新疆喀什地区的特产资源。它一般分布在阿尔金山、昆仑山一带，开采较为方便，价钱也比较便宜，且由于当地气候干旱少雨，容易被人们长时间储存。当地的石膏因加工过程中加入的辅料不同而分为哈万达、热哈、拉斯金三种。由于拉斯金中掺入了缓凝剂和强化剂，所以表面更加光滑且更加坚硬。由于新疆民居墙体厚重，多用两坯的土坯砖进行砌筑，所以墙体内部可以掏出很多壁龛，四周通常就用石膏装饰，有时也用带状花饰装饰墙顶边缘、墙楣、门窗套，或用完整构图的花饰装饰窗间墙或顶棚（图6-7）。

图6-7 伊宁民居大门装饰

当地民居采用石膏装饰，除了美观的需要，还能利用它较浅的颜色反射太阳光，同时提高光照的强度，使开窗较少的室内更加明亮。且石膏还具有隔热吸声的良好性能以及防火的功效，石膏在遇火时自身会硬化，主要成分中的结晶水会蒸发，产生的蒸汽幕能够阻止火势的蔓延，并且不会产生任何有毒气体，是天然的生态材料。它还具有一定的调温调湿作用，使室内温湿度非常的舒服。

石膏花饰的工艺一般分为刻花和模制。刻花的工艺较为复杂，有单色和复色两种，对比模制来说费工费时，对工人的手艺要求颇高，只有比较富裕的家庭才会采用。刻花是先在土坯墙上抹一层2~4毫米的加色纯石膏（黄、蓝、绿），等两个小时后再在上面抹一层拉斯金白石膏，然后将画好花纹的纸张贴在石膏上，用针将花纹扎在石膏上，接下来用布包墨灰粉袋扑打，花纹印在上面后就开始剔地，剔地的速度要快，否则时间长了石膏就容易坚硬，难以露出下面有颜色的石膏。彩色的墙体，白色的花纹，给人以清新华美的艺术氛围。模制石膏使用木模或石膏模浇铸成花纹的预制块粘贴在装饰墙面上，但在浇铸前要在模上抹一层泡沫水，这样石膏干后容易脱模。模制的石膏图案十分的丰富自由，有一点为中心的二方连续和四方连续图案，还有方形、圆形、多边形的完整纹样。有些大型的花饰则需要先用木模制成最初的毛坯，然后再经过认真的雕刻打磨后镶嵌在装饰墙上。这种新疆特产的石膏花饰不但生态价值可观，也同时具有很高的艺术性。

6.3 被动式自然通风系统在阿以旺民居中的利用

新疆阿以旺民居利用传统的被动式自然通风技术，来降低室内温度、置换新鲜空气以及释放建筑内部蓄存的热量，用以达到适应夏季炎热的气候、降低能耗、提高室内舒适度的目的。一般阿以旺民居中普遍采用向上凸起的高侧窗、天井庭院、木棂花格落地隔断等设施，使室温得到有效的调节，创造凉爽的微气候。这些设施都是利用风压通风和热压通风两种自然通风形式来加强室内通风作用。

6.3.1 风压通风

新疆民居中的风压通风，是运用木棂花格落地隔断作为挡风板，使空气在中厅和冬卧室外的走廊之间流动，形成过道风。按照伯努利原理，流动空气的压力随它的速度的增加而减少，从而形成低压区，根据这一原理，木棂花格落地隔断将后室分隔成卧室和走廊，走廊就成了一个横向的通风道，当风从前室吹进时，会先从通道吹过，这样在通道处就形成了负压区，带动了空气的流动。同时风压式通风要求风压通道越短越直接越好。这样既能保证后室的空气流通，又能防止风沙进入冬卧室带走室内的热量。

6.3.2 热压通风

新疆民居中被动式热压通风系统都是利用"烟囱效应"，是中厅借助于类似烟囱的装置来实现通风的。由于阿以旺民居的维护墙体都很厚，而且采用的是蓄热隔热性能较好的生土材料，所以使得处于炎炎烈日照射下的民居内部热量要比室外低，并且民居内部相对于室外较为封闭，所以室内的空气密度也比较高，自然室内外垂直压力梯度相应有所差异，而处于阿以旺中厅向上凸起的高侧窗就成了室内的"烟囱"（图6-8），室外的空气从下方的入口处进入，再从上方的高侧窗排出，从而形成了阿以旺民居中厅的热压通风。根据热空气上升原理，中厅的烟囱将室内污浊的热空气排出，而新鲜的冷空气则经阴凉的外廊，被吸入室内。并且室内外的温差和上下进出口的高差越大，热压作用越强烈。类似中厅的"烟囱效应"的竖向空间还有带廊的天井阿克塞乃和庭院空间哈以拉，这些个通风设置有效地增加了民居的空气流通，降低了室内温度，创造了非常适宜新疆地区气候条件的自然通风系统。

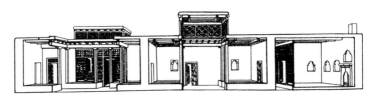

图6-8　向上凸起的高窗形成室内的烟囱

（图片来源：陈震东. 新疆民居［M］. 北京：中国建筑工业出版社，2009：172.）

6.4 坎儿井在阿以旺民居中的气候调节作用

　　吐鲁番是中国极端干旱的地区之一，降水量稀少，而蒸发量却很大。在这样的自然环境下，水源成了新疆人民最为珍惜的自然资源，而坎儿井就是人们为了适应这种气候环境而发明的新疆地区特有的灌溉系统。坎儿井和中国历史上的万里长城、京杭运河并称为中国古代三大工程。

6.4.1 坎儿井天然的灌溉系统

　　坎儿井在吐鲁番盆地最为密集，总长度约5000公里，它的起源最早可以追溯到1300年前。坎儿井的形成除了当地居民的努力探索外，与它所在的地理位置也是分不开的。吐鲁番盆地紧靠天山，由于天山山脉终年积雪覆盖，就成了坎儿井天然的蓄水池，是吐鲁番盆地取之不尽的水源。吐鲁番盆地属于山间盆地，周围有博格达山和喀拉乌成山，这两座山也是河流形成的源头，由于山坡坡度很大，而中心区的艾丁湖海拔低于海平面155米，所以很容易将水源聚集起来。坎儿井的形成还有一个关键的因素就是当地的地质条件，盆地的地层以古代至第三世纪地层岩石为主，这种岩石透水性很差，四周山峰流下来的雪水，经表层土壤渗入盆地中，而当地的土质是由黏土和钙质胶结的砂砾石组成，这种土质不怕雨水的冲刷，且在其内部掏洞不易坍塌。而且由于坎儿井使用地下水渠送水，不受当地风沙的影响，这些特殊的自然因素都为吐鲁番的坎儿井提供了条件。

6.4.2 坎儿井对民居的气候调节

坎儿井在维吾尔语中称为"井穴"，它是由竖井、地下渠道、地面渠道、涝坝（小型蓄水池）四部分组成（图6-9）。地下水渠常年流水，由于其身处地下，能够避免太阳的直射，也就减少了水的大量蒸发，还能避免污染。地面水渠流经街道巷里，成为各家各户

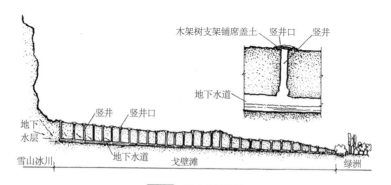

图6-9 坎儿井示意图

（图片来源：严大椿. 新疆民居 [M]. 北京：中国建筑工业出版社，2018：131.）

必备的供水网络系统，既满足了70%耕地面积的水资源灌溉，还满足了当地人们的生活用水，坎儿井可谓是吐鲁番盆地的"生命血管"。除此之外，坎儿井在民居中还起到了防暑降温的作用，水分的蒸发能带走大量的热量，而处在民居庭院下的坎儿井通过热压力差将热空气引入地下，穿过绿荫和冰凉水体表面的空气被加湿和净化，自然也降低了其自身的温度，最后再吹上来的空气有效地调节了庭院和室内的小气候，使民居内部即便在炎热的夏季也能凉爽宜人，非常舒适。

第7章

新疆特殊气候条件下新技术和传统结合

7.1 科学技术观念和传统气候适应性观念的结合

近些年来，全国上下开展了"新农村"的建设高潮，新疆地区也不例外。新疆各地乡村民居的旧房都在被拆除建新。这一"拆除建新"导致了新疆民居的地域特色消失殆尽，取而代之的是全国普及的钢筋混凝土与钢材料建起的"方盒子"。究其原因在于进行"新农村"建设时无视其地域特质，一心秉持"技术至上论"，对原民居村落实行大拆大建，致使千屋一面的"排排屋"层出不穷。使原本与自然和谐共生的生态居住模式被打破，自由丰富的建筑空间和独特的地域文化被逐渐摧毁。传统民居如何能在城镇化和现代化的浪潮中生存发展，并发挥其优势，是我们急需思考和解决的问题。纵览古今中外优秀的建筑作品，我们不难发现它们其实都是在传统的基础上结合当时的社会需求和经济技术发展状况，适宜地创造而成。对于我国这种正处在发展进程中的国家，应该从本国的实际情况出发，强调技术的适宜性，彻底抛弃错误的建设观念，重视文化的传承与生态的和谐。

7.1.1 从低技术和高技术走向适宜技术

新疆传统的阿以旺民居是运用被动式低技术来进行构筑的，即运用朴素的生态技术来改善环境的微气候。它受到当时低下的生产力水平和科技水平的限制，不得不依附于自然，并与之相结合，从而形成了独特的地域特色。我们不得不承认，延续至今的低技术构建模式是千百年来人类智慧的结晶，但较之于建造周期更短、材料使用效率更高、劳动密集度更低的现代高科技，它还是具有一定的局限性。而现在人们较为推崇的"高科技"，一方面在建筑施工中能够带来新的结构形式、新的空间造型、新的施工构造方法，给建筑带来很多可能性；但另一方面它也带来了生态危机、文化缺失等一系列问题，让人们不得不考虑它的双面性。

所以我们在对待技术方面，应肯定高科技给建筑功能、空间、形式带来的新变化和给予的丰富可能性，积极地融入当今科技发展的新成果，并主动地进行创造性的利用。对传统的低技术，也要积极地进行提升和改进，从当地的生态材料、构筑方法、装饰工艺等要素中挖掘传统技术的潜力，沿袭有代表性的技术传统，并丰富建筑创作的技术内涵。也就是推行"适宜技术"——一是主张将当代的先进技术有选择地与建筑特定的需求和现实条件相结合，二是主张改进和完善现有技术，充分发掘传统技术的潜力，实现传统技术的现代化。

7.1.2 坚持以人为本和以环境为本的可持续发展观

新疆近几十年来城市和乡镇的经济发展速度自不待言，但在其民居建设上却缺少对当地气候、本土技术和本土地域文化的深层次认识，只是将传统的复兴，简单地以符号的借用以及立面的拼贴作为地域建筑的标签。民居建筑的发展应注重"人文关怀"，提倡技术与当地文化肌理的融合，避免技术的现代化给文化结构带来冲击。同时要考虑到当地人们的经济条件和物质状况，避免建造一些脱离实际、盲目追求高技术的民居，导致建得起却用不起的现象。更重要的是我们应从单一地注重民居建设转向环境整体建设，注重技术发展与自然生态的协调；从以人为中心转向人与环境并重，维护环境的生态平衡；从高标准、高消费转向以环境为本的可持续性，提高能源和资源的利用效率，使我们居住的环境既满足当代人需求，又不危及后代人的生存及发展。

7.2 现代材料的建筑构件和传统材料的建筑构件相结合

随着经济的发展，人们对居住环境的舒适性、安全性要求越来越高，当下的高新技术材料虽然能满足人们不断增长的居住需求。但是从地域建筑的保护和生态建筑的理念方面考虑，要求我们更重视地域的气候特征，在民居建设和改造过程中，既要着重对传统技术的开发，更要注重对地方材料的挖掘与改良，借助新材料与地方材料结合，来创造新的适应当地气候特征的生态材料。以此来尽可能地少消耗不可再生资源，降低对外界环境的污染，为居民提供健康、舒适并与自然和谐的新民居。

7.2.1 改性生土材料

由于新疆当地盛产粘结性较好生土材料，所以传统的阿以旺民居多采用夯土墙和土坯墙来砌筑建筑围护结构。由于这些墙体是采用原生土材料，所以它的抗压强度和抗剪强度都比较小。由于生土具有一定的遇冷热收缩变形性，所以难以与木材很好的粘结，也就致使了木门和木窗的连接处常出现裂缝，一旦被雨水侵蚀，强度变低，很容易造成安全隐患。根据生土的吸湿、冻融能力差的特性，现代技术将素生土改性为一种改性生土材料，以增加其耐久性和强度。

一般改变土体的性质需要在常温下往土内掺入骨料，增加生土的骨架作用，提高强度，或掺入活性掺合料，增加夯土内固相物质的重组，用来提高其强度和耐久性，然后采用外力的密实技术，通过颗粒间的合理级配，使夯土的密实度最大化，从而有效地提高其强度。这种通过土内发生一系列结构和性能改变的技术，使生土的孔结构、力学性能、体积稳定性、耐久性都得到了一定程度的提高。用改性生土材料砌筑的墙体，其结构性强度可达到4～8MPa；蓄热性和热稳定性变大，能更好地起到保温隔热作用；吸湿性能得到提高，能有效地调节室内湿度，提高室内舒适性；而且还能避免虫蚁的腐蚀。这种改性生土墙体也保留了素生土墙体的施工技术灵活和可再生的优点，拆除后的墙体可回收用作耕地肥料或重复使用。

7.2.2　石膏土坯墙

石膏是新疆喀什地区的特产资源，由于其开采方便，表面光滑坚硬，制作工艺简单，在传统阿以旺民居中多用来作为装饰材料使用。在现代新型复合墙体结构中，可以将石膏创造性地运用其中，以增加墙体良好的抗震性能。其工艺是将普通石膏和土坯作为墙体主要材料，在各层土坯之间采用棉花秆架立，然后将石膏浆灌入土坯墙内、外侧及土坯缝隙中。一段时间凝固后的石膏与土坯就形成了复合墙体结构，内外侧浇筑的石膏厚度均为50毫米，石膏土坯墙内的土坯含水率则低于3%，石膏与土坯两者相互作用，共同受力，使墙体抗压强度、抗剪强度以及抗震能力都比较显著。由于这种石膏土坯墙施工简便、造价低廉、抗震性能强，能够抵御南疆地区6~8度的地震，所以它可谓是一种适宜新疆地域特色及社会经济发展的新型绿色民居建筑结构形式，应在新疆各地广泛推广与应用。

7.2.3 双层玻璃窗

传统的阿以旺民居由于要在墙上开窗以采光通风，而当时又没有像玻璃一样的大面积透光材料作为封隔，所以多采用木棂格窗作为窗扇，再在上面粘贴透光性好的纸张。但在新疆冬冷夏热气候下，这种窗的围护结构很难满足民居对保温和隔热的双重需求。

在相同的室内外温差条件下，建筑围护结构保温隔热性能的好坏，会直接影响到流入室内和流出室内的热量的多少，如果建筑保温隔热性能好，流入室内或流出室内的热量就少，空调取暖所消耗的能源也就越少，这样便起到了节约能源的作用。窗户的传热系数要远远大于墙体，为了满足建筑节能需求，必须提高窗户的保温隔热性。

现在新疆阿以旺民居中的高侧窗和前廊墙壁上已开始采用大面积的玻璃窗，这些玻璃窗大大改善了室内光照效果。但在真正解决保温隔热性上，密闭双层玻璃窗的效果更佳。它与同样多材料的单层玻璃窗相比，可减少97%的热量损失。这种窗由内外两层玻璃构成，中间是空气层，内外玻璃的形状与厚度都各不相同，中间的缝隙处用吸声隔音保温材料进行处理，这样既解决了厚度问题，又使其保温隔热性能得到提高。

除了采用双层玻璃材料来提高窗户的保温隔热节能功效外，还可以在窗外增加"可调节附加构件"。这种构件是一种外置的铝合金百叶窗，它虽然是木制百叶窗价格的两倍，但经久耐用，还可循环利用，不破坏环境。它针对新疆冬冷夏热的气候特征调节百叶角度，来增加采光、通风和阻挡严寒的进入，可以在不降低室内舒适度的同时，节省能源。且铝合金的生态性、耐候性都较适合新疆冬冷夏热的地区特征，构建成本也符合当地的经济状况，因此极具推广价值。

7.3　现代技术和传统气候适应性技术的结合

传统的气候适应性技术具有很好的被动式节能环保的功效，最低限度地消耗人工能源和不可再生资源，使建筑具有一定的灵活性、可生长性和适应当地气候环境的自调节性。它是当地人民根据自然条件、经济发展和民族生活习惯，在长期的探索中创造出来的，具有很高的生态价值。然而随着经济和科学技术的发展，人们需要利用一些可再生资源，如太阳能、风能等，来提高自然资源的利用效率，将民居推向规模化、高效化的"人地和谐"的生态民居。

7.3.1 对太阳辐射的防御与利用

新疆地区虽然常年气候干旱、降水量少、植被稀疏、生态脆弱、沙漠面积大，但是太阳能资源却相当丰富。新疆全年太阳辐射总量为5440～6490兆焦耳/平方米，全年光合有效辐射为2510～3140兆焦耳/平方米，全年日照射时数长达2550～3500小时，居于全国的首位。对于这样强烈的太阳辐射，传统的气候适应性技术利用生土的隔热性能，利用厚重的生土外墙来抵御强烈的太阳辐射，来保持夏季室内凉爽舒适的气温躲避酷暑。同时利用生土的蓄热能力，储存白天的热量抵御夜晚的寒冷，但较之于现代技术对太阳辐射能的利用与开发，其利用效率就与之相差太远了。现代技术利用太阳的辐射能量来支持供热体系，供给民居中的生活用的热水、室内的采暖，供热系统包括太阳灶、太阳能热水器、太阳能食品灶、太阳能温室等。还有利用太阳能来提供用电，首先让太阳辐射的能量转换为电能，然后给居住空间供给所需的洁净能源。利用太阳能电池，能将晴天里富余的电能输入电网，以备阴天阳光不足时，由电网供电或风力发电。对太阳能资源的充分利用，既能在新疆寒冷的冬天为人们带来温暖，同时还能有效地减少对植被的破坏，使生态环境能够得到恢复与重建。将现代技术和气候适应性技术进行资源整合，有利于民居向着"零能建筑"继续迈进。

7.3.2 对风能的进一步开发利用

新疆传统气候适应性技术对风能早有运用。新疆民居阿以旺厅的天窗利用"烟囱效应"将室外的冷空气吸入室内，将室内的热空气排出，利用空气流动产生的风来降低室内的温度，创造室内的微气候。除此之外，新疆民居还用生土搭建生产用房——葡萄晾房，利用当地的热风将葡萄风干。这些传统的气候适应性技术给人们的生活带来了很大的方便。

随着科学技术的发展，一些在风能利用上效率更高的现代风力技术也在慢慢被人们所采用。由于新疆地区广大农牧区燃料缺乏，几乎每年要砍伐数百万吨的植物作为生活燃料，如果长此以往，生态平衡将会遭到破坏，土地沙化、碱化更加严重。因为新疆风能资源丰富，光沙暴日每年都要持续28～52天，所以利用当地取之不尽、用之不竭、成本低、无污染的风能资源来进行风力提水和风力发电是最好的选择。新疆的地下水资源丰富，可谓是中国运用风力提水的最佳区域。利用现代风力提水机组抽提地下水，能有效地改善当地人畜饮水的问题。另外，利用新疆丰富的风能作为一种补充能源，供给周边地区民宅作为生活用电，能适当地改善资源短缺给当地的生态环境造成压力。同时造型奇特的风力发电机组还能成为一种环境景观，给民居增添地域特色。

7.3.3 地下水循环技术

　　新疆常年气候干旱，自然降水量非常小，而且分布很不均匀。地面年降水量可达2400亿吨，而其中一半落在山区（山区只占新疆面积的六分之一左右），且降水大部分集中在夏季的6～8月，所以使得新疆地下的水资源较为丰富。如何更好地开发利用地下水资源是解决当地降水量稀少的最好方法。坎儿井是人们为了适应这种气候环境而发明的饮水灌溉系统，它是当地人引用地下水资源为生产生活所用较为成功的工程。由于是利用地下水渠来常年输送水资源，所以它只是对地下水资源进行了一次性利用，对地下蓄水层（地下湖）等的循环利用还有待继续开发。譬如柏林的德国大厦的循环利用地下水技术，就可引以为鉴。它在地下建有两个深浅不同的蓄水池，浅水池蓄冷，深水池蓄热。利用太阳能把夏季的热能储存下来供冬季使用，到了冬季又把能量储存下来供夏天制冷。从而形成一个大型的冷热交换器，在局部则通过人与自然的共同设计，达到一个能量转化方面的生态平衡。

第**8**章

结语

8.1 气候适应性在阿以旺民居基本形制衍化过程中的作用

人与环境同时作为生态系统中的一部分，注定有着必然的联系，不可分割。气候是众多环境因素中影响民居建筑构成的最重要因素，它直接影响民居的遮阳、采光、通风设施和节能问题，还间接决定着人类社会的礼节、礼仪和生活方式等等。民居建筑由于能庇护人类躲避各种严酷气候的伤害，被称为人类的"第三层皮肤"。基于新疆人民对阿以旺民居长期使用经验的积累，使民居能够很好地与当地的自然环境相融合，并能够很好地对当地的气候条件加以综合利用，在对民居的自然形态、布局、空间关系、装饰色彩以及地方材料的选用上，都采取了传统、简便的被动式适应性技术，使新疆民居在对气候条件的适应方面自成一套气候逻辑系统，它一方面对各种气候条件进行因势利导，并反馈其适应性特征，为后人所借鉴；另一方面汲取前人建造的理念精华，并创造性地加以继承与运用。由此可见，气候适应性技术在新疆阿以旺民居的形成和演变过程中发挥了不可替代的重要作用。

早期住宅建筑多为土木结构，墙体为夯土、土坯砖，墙面抹草泥，屋顶为木梁、木檩条及苇席铺设，表面以草泥抹面，在建筑的勒脚及墙角等部位，通常用砖砌筑，水泥勾缝，对墙面的薄弱部位重点加强。在北疆伊犁地区及南疆喀什地区，大量的土木结构民居，以土坯砖及夯土墙作为建筑围护结构。采用夯土建造技术的民居相对较矮，土坯砖砌筑的墙体则相对较高，墙体表面以草泥饰面，形成古朴原生态的生土建筑的外墙肌理。后期普遍为砖混住宅、砖拱板住宅，外墙以水泥砂浆抹灰，涂料粉饰外立面。有些住宅会根据其原材料及烧结工艺表现出不同的色彩及质地，表达本土建筑的特性。

下面将阿以旺传统气候适应性技术加以简单的归纳总结，以使我们能更好地了解其在民居衍化中的作用机制（表8-1）。

新疆阿以旺民居气候适应性技术分类表　　　表8-1

	适应性技术		气候特点	要解决的问题	适应方式
建筑单体	室内空间室外化	阿以旺厅	炎热的夏季	室内通风、采光、防风、防尘；室内活动	"烟囱效应"
		带廊天井	气候温和、风沙小	开敞、明亮、户外感强	"烟囱效应"
	室外空间室内化	藤架空间	炎热的夏季	制造阴影、促进空气流通、反射紫外线	空气调节器
		庭院空间	炎热的夏季	日常生活室外空间	绿荫遮蔽
	丰富的中介空间	廊下空间	炎热的夏季	遮阴避暑、交通功能	室内外过渡空间
	冬季的封闭空间	冬季卧室	寒冷的冬季	保温	厚重外墙、小平天窗
建筑构件	高侧窗		炎热的夏季	通风、采光、照度均匀、防尘	凸起的小型气楼
	平天窗		寒冷的冬季	保温、采光	开窗方式缩小散热面积
	花棂格窗		冬冷夏热	采光、围护、防风沙、防热空气流入室内	内外双扇窗、朝向室内倒梯形窗口

	适应性技术	气候特点	要解决的问题	适应方式
建筑构件	生土墙	冬冷夏热	防风沙、蓄热、隔热、承重	厚重的夯土、土坯墙
	木棂花格落地隔断	寒冷的冬季	防风沙、空间分隔	过渡空间
建筑色彩	鲜艳色彩	干旱少雨的荒漠戈壁景色单调	用强烈对比色使装饰风格热烈化	多用红、绿、蓝三色作装饰
	生土色	炎热的夏季、干旱少雨	石灰刷白反射太阳光、降低室内温度	白色、黄色
建筑材料	生土	冬冷夏热、干旱少雨	就地取材、易于施工、造价低廉、节省能源、可循环利用、蓄热隔热	蓄热隔热性强的生土围墙、隔热通风的葡萄晾房、辐射式火炕
	木材	干燥、气候温和	缺少大尺度的优良木材、梁的大跨度、屋顶均布受力、防潮、保温	屋顶密小梁结构、柱顶梁结构
	石膏	干旱少雨	就地取材、易于施工、造价低廉、节省能源、可循环利用	白色反射太阳光、提高光照强度使室内明亮、吸声、隔热、防火、调节温湿度
气候能源	风能	炎热的夏季	降低室内温度、置换新鲜空气、提高室内舒适度、降低能耗	被动式自然通风（凸起的高侧窗——热压通风、木棂花格落地隔断——风压通风）
	水能	炎热的夏季	农田灌溉、生活用水、防暑降温	天然灌溉系统——坎儿井

8.2 气候适应性技术在新疆现代住宅中的借鉴与运用

在新疆现代民居建设中，我们一方面要重视传统技术、传统地方材料、传统构筑方式的潜在生命力，对传统民居的适应技术进行挖掘和改良；另一方面要把握现代技术发展给民居建筑的功能、空间、形式提供的无限可能性，积极地将传统技术和现代技术加以综合利用，使传统的气候适应性技术在当代重新焕发活力和光彩。现代新疆民居中也有一些依据当地气候特点将传统材料技术与现代材料技术相融合的方式方法，就地取材，顺势而为，以人的基本使用要求与舒适要求为准则，满足室内通风、采光、采暖、承重等要求，达到了居住者生理和心理舒适度的整体需求。建筑样貌真实地反映材料自然的质感、肌理、色彩等特征，形成独特的风貌，焕发出独特的艺术感染力，给人以自然质朴之美。

1950年冬天，乌鲁木齐步兵学院建造了一批土拱宿舍建筑。由于当时新疆缺乏木材、钢材、水泥等建筑材料，采用土拱结构可大量节省建材和建设成本。乌鲁木齐很早之前就有生土窑洞，为吐鲁番人建造，由于不适应乌鲁木齐的雨雪天气，均已残破。宿舍的设计过程中，建筑师们改造了生土窑洞的建造技术，对土块的承载力进行实验，根据土块的应力规律确定土拱曲线，将土块制作为楔形，土块尺寸为宽16厘米、长33厘米，窑洞跨度可以达到3米，窑洞顶部不设窗，由门上高窗提供采光。屋面防水采取特殊处理方式，即第一层为草泥抹灰，中间加松土层，外层为草泥，松土层可在雨水渗入时补充缝隙，加强防水作用，防水寿命可达20年。传统的生土技术经过改造，适应了当地的气候条件，在有限的条件下，极大地解决了居住问题。砖拱住宅则在新疆土拱式结构的基础上进一步优化为大砖拱（表8-2）。

新疆阿以旺民居新技术和传统技术结合的适宜技术　表8-2

适应性技术		气候特点	要解决的问题	适宜技术
适宜材料	改性生土	冬冷夏热	提高抗压强度和抗减强度、吸湿冻融能力差	掺入骨料或活性掺合料，提高强度、耐久性，运用外力密实技术提高强度
	石膏土坯墙	南疆地区6~8度地震	提高抗震性	在各层土坯之间采用棉花秆架立，将石膏浆灌入土坯墙内、外侧及土坯缝隙中，形成复合墙体结构
	双层玻璃窗	冬冷夏热	保温隔热双层需求、室内采光需求	由内外两层玻璃构成，中间是空气层，内外玻璃的形状与厚度都各不相同，中间的缝隙处用吸声隔音保温材料进行处理
	铝合金百叶窗	冬冷夏热	采光通风的需求，能够抵挡严寒，能节省能源	窗外增加"可调节附加构件"，它能针对新疆冬冷夏热的气候特征调节百叶角度
适宜技术	太阳能技术	全年太阳辐射量大、寒冷的冬季	太阳能供热系统，供给生活所需的热水，室内采暖，洁净能源，减少植被破坏	太阳灶、太阳能热水器、太阳能食品灶、太阳能温室、太阳能发电、太阳能电池
	风能技术	全年风沙大	当地燃料缺乏，砍伐树木易造成土地沙化、碱化	风力提水、风力发电
	水循环技术	气候干旱、自然降水量少	利用地下水资源解决降水量稀少的问题	地下蓄水层循环利用、大型冷热交换器

8.3 气候适应性在现代建筑发展中的价值

中国是一个发展中国家，地域广，人口众多，人均资源短缺，发展不均衡，面对这样严峻的生存环境，我们必须坚持可持续发展观，充分发掘传统的气候适应性技术为我国可持续发展所带来的有益因素，在进行技术改造和更新升级后创造性地加以应用，才能走出一条既与当地地域文化相匹配，又与该地区的经济发展水平、人们生活习惯、生产劳作方式和文化习俗等相协调的满足当下人们物质和精神需要的现代新民居设计和建设之路。我们依据气候适应性的一系列适宜性和可持续性的材料、技术和工艺，可以归纳出一些现代建筑发展所需遵循的构筑原则：一、现代民居建造时，应秉承无害化、舒适化和自然化等生态准则。二、重视当地的气候特点，注重对传统的技术、地方材料的挖掘和改良，同时与现代技术和现代材料进行创造性的结合，以发展新的适宜技术。三、注重对当地的环境地貌加以保护与利用，避免对地形构造和地表肌理造成一定的损害，减少对环境造成过大的压力。四、形成生态节能的环保意识，对当地的自然资源加以利用，提倡3R原则，即减少使用（Reduce）、重复使用（Reuse）和循环使用（Recycle）。五、实行被动式节能方法，使民居高效率地使用可再生能源、最低限地使用人工能源和不可再生能源。六、提高民居的居住灵活性和可生长性，以及适应环境变化的自调节，推行民居的再利用，避免不必要的大拆大改工程。

参考文献

［1］ 严大椿. 新疆民居［M］. 北京：中国建筑工业出版，1995.

［2］ 陈震东. 新疆民居［M］. 北京：中国建筑工业出版，2009.

［3］ ［英］大卫·劳埃德·琼斯著. 建筑与环境——生态气候学建筑设计［M］. 王茹等译. 北京：中国建筑工业出版社，2004.

［4］ 中国建筑学会建筑师分会建筑技术委员会，华中科技大学建筑与城市规划学院. 绿色建筑与建筑新技术［M］. 北京：中国建筑工业出版社，2008.

［5］ 孙澄，梅洪元. 现代建筑创作中的技术理念［M］. 北京：中国建筑工业出版社，2007.

［6］ 冉茂宇. 生态建筑［M］. 武汉：华中科技大学出版社，2008.

［7］ 陆元鼎. 中国传统民居与文化［M］. 北京：中国建筑工业出版社，1991.

［8］ 约翰·D. 霍格. 伊斯兰建筑［M］. 北京：中国建筑工业出版社，1993.

［9］ ［美］琳恩·伊丽莎白，卡萨德勒·亚当斯. 新乡土建筑——当代天然建造方法［M］. 北京：机械工业出版社，1993.

［10］ 王亮，马铁丁. 从新疆民居谈气候设计和生态建筑［J］. 西北建筑工程学院学报，1994.

［11］ 刘敏. 气候与生态建筑——以新疆民居为例［J］. 天津大学建筑设计院. 农业与技术，2002.

［12］ 田学红. 吐鲁番生土民居的生态基因初探［J］. 福建建筑，2001.

［13］李生英，王晓丽，李维青. 以吐鲁番为例谈新疆生土建筑［J］. 内江师范学院学报，第22卷，第2期.

［14］刘云，王茜. 新疆维吾尔族的装饰色彩［J］. 中央民族大学学报（哲学社会科学版），2004，第2期，第31卷.

［15］刘谞. 维吾尔族民居解析［J］. 华中建筑，1996.

［16］林海燕. 居住建筑维护结构的节能问题［J］. 建筑科学，2001，第5期，第17卷.

［17］董海荣，祁少明，姜乖妮，李春聚. 寒冷地区市郊住宅建筑节能措施［J］. 工业建筑，2007，第3期，第37卷.

［18］王战友. 自然通风技术在建筑中的应用探析［J］. 建筑节能，2007，第7期，第35卷.

［19］王建基. 西部古老传统的维吾尔族民居［J］. 小城镇建设，2002.

［20］张凯雷. 吐鲁番生土民居地域特色浅析［J］. 艺术空间，2008.

［21］李俐. 新疆民居浅析［J］. 规划师，1996，第2期.

［22］张磬. 浅谈建筑外窗的发展和革新［J］. 华中建筑，2007.

［23］张健波. 新疆阿以旺民居的营造法式与艺术特色［J］. 艺术探索，2008，第4期，第22卷.

［24］塞尔江·哈力克. 新疆地域各少数民族传统民居［J］. 建筑，2005，第5期，第23卷.

［25］塞尔江·哈力克. 传承与转型——论新疆游牧民族的定居与传统居住文化的转型［C］. 中国民族建筑研究论文集. 北京：中国建筑工业出版社，2008.

［26］李先逵. 当前中国城市建设现代化转型及发展趋势［C］. 中国民族建筑

研究论文集. 北京：中国建筑工业出版社，2008.

［27］王洪芳. 新疆阿以旺民居研究［D］. 哈尔滨工业大学，2002.

［28］［韩］金善基. 新疆维吾尔族的坎儿井文化［D］. 中央民族大学，2006.

［29］李保峰. 适应夏热冬冷地区气候的建筑表皮之可变化设计策略研究［D］.
清华大学建筑学院，2004.

［30］李生英. 新疆生土建筑的研究——以吐鲁番为例［D］. 新疆大学，2007.

［31］张燕龙. 沙漠绿洲传统民居建筑适宜性发展模式研究——以新疆麻扎村
为例［D］. 西安建筑科技大学，2009.

［32］卢小刚. 夏热冬冷地区窗的气候适应性研究［D］. 华中科技大学，2004.

［33］谭良斌. 西部乡村生土民居再生设计研究［D］. 西安建筑科技大学，
2007.

［34］穆洪洲. 吐鲁番地区传统建筑地域性研究［D］. 西南交通大学硕士研究
生学位论文，2007.

［35］赵雪亮. 生态视野：西北干热气候区生土聚落发展研究［D］. 西安建筑
科技大学，2004.